标准化池塘生态养殖

池塘鱼菜共生

稻鱼种养模式

稻鱼综合种养

高位池工程化养殖

冷流水养殖

大水面生态养殖模式

休闲渔业

2023
重庆渔业统计年鉴

重庆市水产技术推广总站 　编

中国农业出版社
北　京

图书在版编目（CIP）数据

2023 重庆渔业统计年鉴 / 重庆市水产技术推广总站编. —北京：中国农业出版社，2023.6
ISBN 978-7-109-30767-4

Ⅰ.①2… Ⅱ.①重… Ⅲ.①渔业经济—统计资料—重庆—2023—年鉴 Ⅳ.①F326.4-54

中国国家版本馆 CIP 数据核字（2023）第 101887 号

2023 重庆渔业统计年鉴
2023 CHONGQING YUYE TONGJI NIANJIAN

中国农业出版社出版
地址：北京市朝阳区麦子店街 18 号楼
邮编：100125
责任编辑：陈　瑨
版式设计：王　晨　　责任校对：吴丽婷
印刷：中农印务有限公司
版次：2023 年 6 月第 1 版
印次：2023 年 6 月北京第 1 次印刷
发行：新华书店北京发行所
开本：787mm×1092mm　1/16
印张：8.5　　插页：2
字数：160 千字
定价：98.00 元

本书编辑委员会

编 者 说 明

一、《重庆渔业统计年鉴》以正式出版年份标序。其统计数据起讫日期为2022年1月1日至12月31日。

二、统计数据中，数据来源于重庆市39个区县（高新区）。

三、主要统计指标数据执行2021年度国家统计局批准执行的统计指标体系（国统制〔2021〕15号）。

四、度量衡单位均采用国际统一标准计量单位，涉及水产品产量数字一律采用1996年制定的水产品产量统计新标准统计。

五、部分数据的合计数或相对数由于单位取舍不同而产生的计算误差，均未做机械调整。

六、各表中的空格表示该项统计指标数据不足本表最小单位数、数据不详或无该项数据。

七、本年鉴数据如有误列，敬请及时指正。

目　录

编者说明

2022 年重庆市渔业统计情况综述 ·· 1

2022 年重庆市主要统计指标统计图 ·· 3

第一部分　主要指标及增减情况 ·· 5

全市水产品产量增减情况 ·· 7

全市各区县淡水养殖主要鱼类产量增减情况 ·································· 8

全市各区县水产品产量及增减情况 ·· 9

全市水产养殖产量、面积和单产增减情况 ······································ 12

全市各区县水产养殖面积增减情况 ·· 13

全市水产苗种增减情况 ·· 16

全市各区县水产苗种增减情况 ·· 17

全市水产加工增减情况 ·· 20

全市各区县水产加工品增减情况 ·· 21

全市渔业经济总产值及增减情况（按当年价格计算） ························ 22

全市各区县渔业产值增减情况 ·· 23

全市渔业船舶增减情况 ·· 24

全市各区县渔业船舶增减情况 ·· 25

全市渔业人口与从业人员增减情况 ·· 28

全市各区县渔业人口增减情况 ·· 29

第二部分　水产品产量 ·· 33

全市各区县水产品产量（按品种分） ·· 35

全市各区县水产品产量（按水域和养殖方式分） ····························· 42

第三部分　水产养殖面积 ·· 45

　　全市各区县水产养殖面积（按水域和养殖方式分） ········· 47

第四部分　水产养殖单产 ·· 49

　　全市各区县淡水养殖单产水平 ··························· 51

第五部分　水产苗种 ·· 53

　　全市各区县水产苗种数量 ······························· 55

第六部分　水产品加工 ·· 57

　　全市各区县水产品加工企业、冷库基本情况 ··············· 59

　　全市各区县水产加工品产量 ····························· 61

第七部分　渔船年末拥有量 ·· 65

　　全市各区县渔船年末拥有量 ····························· 67

　　全市各区县生产渔船、辅助渔船年末拥有量 ··············· 68

　　全市各区县机动渔船年末拥有量（按船长分） ············· 69

第八部分　渔业人口与从业人员 ···································· 71

　　全市各区县渔业人口与从业人员 ························· 73

第九部分　渔业经济总产值和增加值 ································ 77

　　全市各区县渔业经济总产值（按当年价格计算） ··········· 79

第十部分　渔业灾情 ·· 83

　　全市各区县渔业灾害造成的数量损失 ····················· 85

　　全市各区县渔业灾害造成的经济损失 ····················· 88

第十一部分　渔业专用塘及池塘养殖大户 ···························· 91

　　全市各区县渔业专用塘情况 ····························· 93

　　全市各区县池塘养殖大户情况 ··························· 94

第十二部分　水产技术推广 ·· 97

　　全市水产技术推广机构经费情况 ························· 99

全市水产技术推广机构人员情况 ………………………………………… 100

全市水产技术推广机构能力条件情况 …………………………………… 101

全市水产技术推广机构履职成效情况 …………………………………… 102

全市水产技术推广机构技术成果情况 …………………………………… 103

全市水产技术推广机构技术成果登记情况 ……………………………… 104

全市水产技术推广机构获奖情况 ………………………………………… 104

第十三部分　附录 …………………………………………………… 105

渔业统计指标解释 ………………………………………………………… 107

2022 年重庆市渔业统计情况综述

一、渔业经济总产值和增加值

按当年价格计算，重庆渔业经济总产值 224.98 亿元。其中，渔业生产产值（由重庆市统计局核定）149.59 亿元，渔业工业和建筑业产值 13.78 亿元，渔业流通和服务业产值 61.61 亿元。

渔业生产产值中，淡水养殖产值 136.99 亿元，水产苗种产值 12.59 亿元。

二、水产品产量、人均占有量及渔民家庭收入

全市水产品产量 566 303 吨，比上年增长 3.84％。其中，养殖产量 566 303 吨、捕捞产量 0 吨。全市水产品人均占有量 18.1 千克（按 3 200 万人计）。全市渔民家庭收入为 22 682 元，同比基本持平。

在全市渔业生产中，淡水养殖产量 566 303 吨。其中，鱼类产量 541 354 吨，比上年增加 15 988 吨、增长 3.04％；甲壳类产量 17 742 吨，比上年增加 5 228 吨、增长 41.78％；贝类产量 118 吨，比上年增加 36 吨、增长 43.90％。淡水养殖鱼类产量中，草鱼产量最高，产量 140 013 吨；鲢鱼位居第二，产量 110 531 吨；鲫鱼位居第三，产量 99 432 吨。甲壳类产量中，虾类产量 17 108 吨，其中克氏原螯虾 15 176 吨；蟹类（专指河蟹）产量 634 吨，同比增长 8.01％。贝类产量中，螺产量 118 吨。其他类产量中，鳖产量 1 590 吨，比上年增加 17 吨、增长 1.08％；蛙产量 5 445 吨，比上年减少 302 吨，下降 5.25％。

由于长江全面禁渔，捕捞渔船全部上岸，所以淡水捕捞产量为零。

三、水产养殖面积

全市水产养殖面积 85 250.51 公顷，比上年增加 895.02 公顷、增长 1.06％。其中，池塘养殖面积 49 854.84 公顷，比上年增加 157.91 公顷、增长 0.32％；水库养殖面积 35 299.70 公顷，比上年增加 745.97 公顷、增长 2.16％；稻田养成鱼面积

26 597.80 公顷，比上年增加 2 520.77 公顷、增长 10.47%；其他面积为 95.97 公顷，主要指设施渔业（流水养殖、池塘内循环、高位池、集装箱等）的面积。池塘、水库和其他养殖方式面积分别占淡水养殖总面积的 58.48%、41.4%、0.11%。

四、主要水产品苗种

全市淡水鱼苗 86.39 亿尾，较上年的 83.51 亿尾增长 3.44%。淡水鱼种 75 855 吨，较上年的 80 394 吨减少 4 539 吨、下降 5.65%；投放鱼种 107 725 吨，较上年的 104 137 吨增加 3 588 吨、增长 3.45%。虾类育苗 4.65 亿尾，较上年增长 6.90%。

五、水产品加工

水产品加工企业 13 个、较上年增加 3 个，其中规模以上水产品加工企业 4 个、较上年增加 1 个；水产品加工总量 1 249 吨，比上年增加 469 吨，增长 60.13%，其中冷冻加工品 78 吨，与上年同期持平；用于加工的水产品产量 1 735 吨，比上年增加 492 吨、增长 39.58%。

六、渔船拥有量

年末渔船总数 347 艘、总吨 2 557，比上年渔船总数增加 58 艘、总吨增加 1 355。其中，机动渔船 206 艘、总吨 1 463、总功率 10 835 千瓦；非机动渔船 141 艘、总吨 1 094。机动渔船中，生产渔船 92 艘、总吨 562、总功率 940 千瓦，全部为养殖渔船；辅助渔船中，执法渔船 114 艘，总吨 901，总功率 9 895 千瓦。

七、渔业人口和渔业从业人员

渔业人口 35.6 万人，较上年减少 2.25 万人、下降 5.94%；渔业从业人员 30.59 万人，较上年增加 0.36 万人、增长 1.20%。

八、渔业灾情

全年因渔业灾情造成水产品总量损失 4 907 吨，经济损失 8 629 万元，较上年分别增加 1 479 吨、1 744 万元，分别增长 43.13%、25.33%。其中，受灾养殖面积 4 987.26 公顷，较上年增加 3 589 公顷，增长 256.72%；无重大人员伤亡。

2022 年重庆市主要统计指标统计图

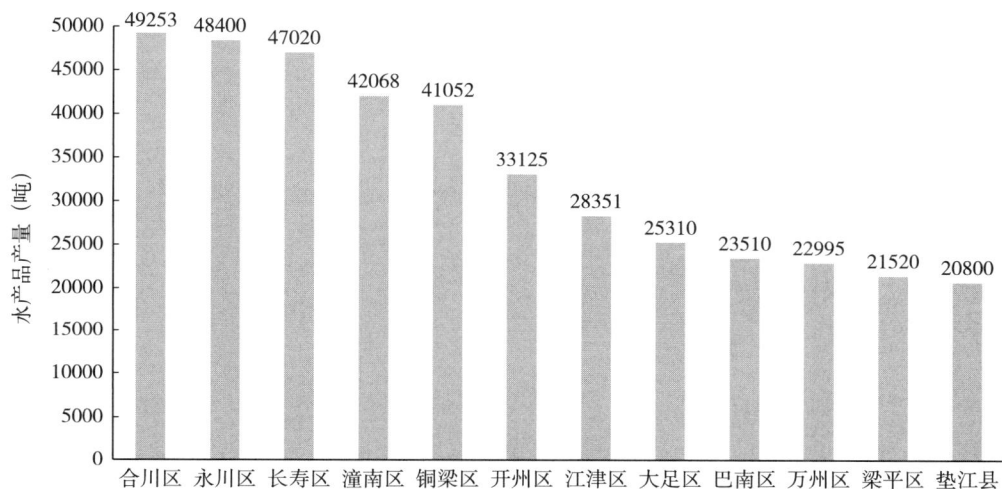

图 1　2022 年重庆市水产品产量超过 2 万吨的区县

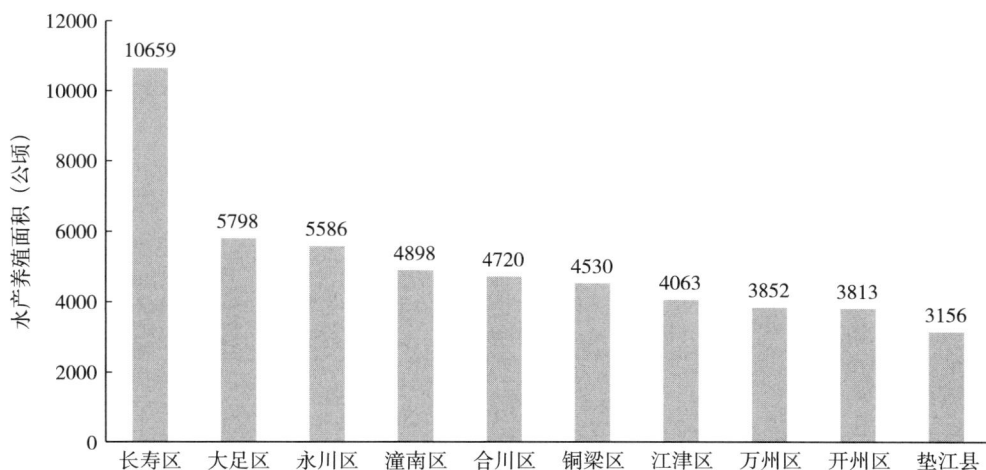

图 2　2022 年重庆市水产养殖面积前十区县

鲴鱼，1.25%
鳊鲂，1.08%
罗非鱼，1.00%
蛙，0.96%
鲟，0.93%
其他，3.48%
鲫鱼，1.33%
泥鳅，1.42%
乌鳢，1.46%
鲈鱼，1.49%
黄颡鱼，2.33%
克氏原螯虾，2.69%
鲤鱼，8.01%
草鱼，24.81%
鲢鱼，19.58%
鲫鱼，17.62%
鳙鱼，10.55%

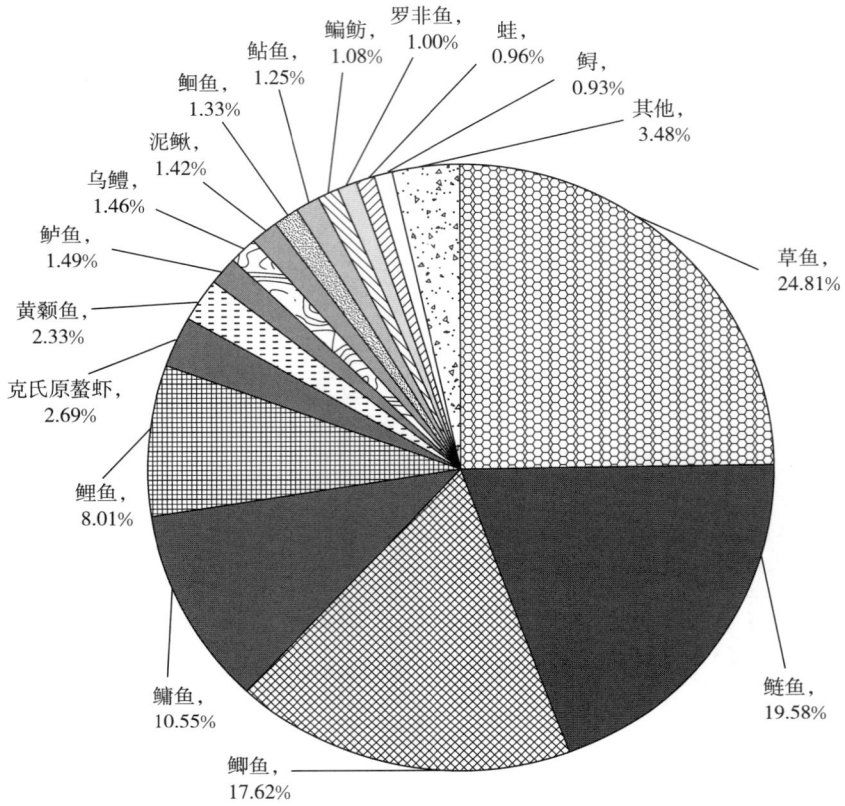

图 3　2022 年重庆市主要淡水养殖品种构成

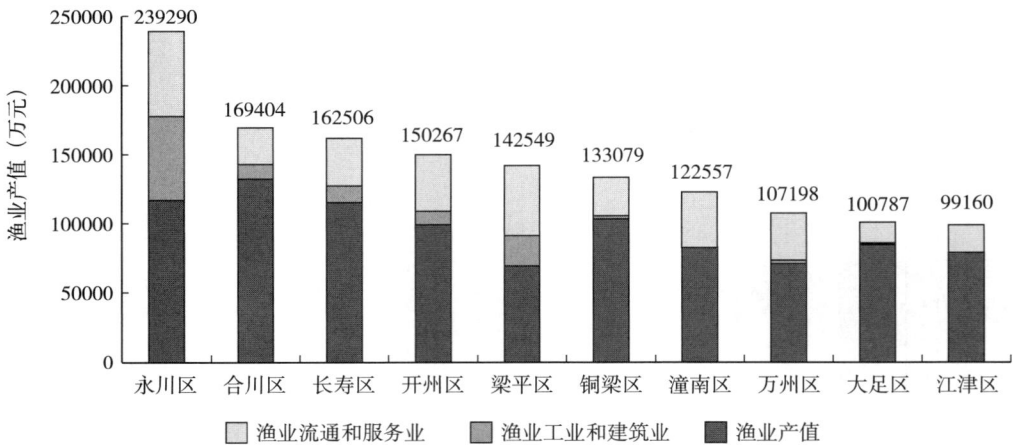

图 4　2022 年重庆市渔业产值前十区县

渔业产值（万元）

区县	产值
永川区	239290
合川区	169404
长寿区	162506
开州区	150267
梁平区	142549
铜梁区	133079
潼南区	122557
万州区	107198
大足区	100787
江津区	99160

渔业流通和服务业　　渔业工业和建筑业　　渔业产值

第一部分

主要指标及增减情况

全市水产品产量增减情况

指 标	2022 年 （吨）	2021 年 （吨）	2022 年比 2021 年增减	
			绝对量（吨）	幅度（%）
水产品产量	566 303	545 343	20 960	3.84
一、鱼类	541 354	525 366	15 988	3.04
二、甲壳类	17 742	12 514	5 228	41.78
虾	17 108	11 927	5 181	43.44
其中：罗氏沼虾	256	213	43	20.19
青虾	310	211	99	46.92
克氏原螯虾	15 176	10 725	4 451	41.50
南美白对虾	1 140	604	536	88.74
蟹（河蟹）	634	587	47	8.01
三、贝类	118	82	36	43.90
其中：螺	118	79	39	49.37
四、观赏鱼（万条）	107 271 136	162 528 081	－55 256 945	－34.00
五、其他类	7 089	7 381	－292	－3.96
其中：龟	52	61	－9	－14.75
鳖	1 590	1 573	17	1.08
蛙	5 445	5 747	－302	－5.25

全市各区县淡水养殖主要鱼类产量增减情况

指　　标	2022 年（吨）	2021 年（吨）	2022 年比 2021 年增减	
			绝对量（吨）	幅度（%）
青　　鱼	2 555	2 350	205	8.72
草　　鱼	140 013	127 483	12 530	9.83
鲢　　鱼	110 531	104 998	5 533	5.27
鳙　　鱼	59 549	55 963	3 586	6.41
鲤　　鱼	45 210	41 749	3 461	8.29
鲫　　鱼	99 432	109 078	−9 646	−8.84
鳊　　鲂	6 095	6 285	−190	−3.02
泥　　鳅	8 033	11 224	−3 191	−28.43
鲇　　鱼	7 083	6 755	328	4.86
鮰　　鱼	7 508	8 393	−885	−10.54
黄 颡 鱼	13 158	13 248	−90	−0.68
鲑　　鱼	97	22	75	340.91
鳟　　鱼	1 274	1 203	71	5.90
短盖巨脂鲤	103	64	39	60.94
长 吻 鮠	3 030	2 984	46	1.54
黄　　鳝	1 188	869	319	36.71
鳜　　鱼	461	478	−17	−3.56
鲈　　鱼	8 420	5 815	2 605	44.80
乌　　鳢	8 232	8 121	111	1.37
罗 非 鱼	5 654	5 936	−282	−4.75
翘 嘴 红 鲌	3 712	3 529	183	5.19
中华倒刺鲃	1 005	916	89	9.72
胭 脂 鱼	488	619	−131	−21.16
岩 原 鲤	192	196	−4	−2.04
白 甲 鱼	22	11	11	100.00
丁　　鱥	810	613	197	32.14
鲟　　鱼	5 265	4 169	1 096	26.29
大　　鲵	160	227	−67	−29.52
裂 腹 鱼	428	521	−93	−17.85

全市各区县水产品产量及增减情况（一）

单位：吨

地　区	2022 年				
	总产量	鱼类	甲壳类	贝类	其他类
全市总计	566 303	541 354	17 742	118	7 089
万 州 区	22 995	22 412	255		328
涪 陵 区	18 130	17 980	40		110
大 渡 口 区	170	170			
江 北 区	143	138			5
沙 坪 坝 区	5 002	5 001			1
九 龙 坡 区	2 394	2 384	10		
南 岸 区	1 007	1 007			
北 碚 区	4 450	4 358	10		82
綦 江 区	12 407	12 109	252		46
大 足 区	25 310	21 514	3 789		7
渝 北 区	7 930	7 453	6		471
巴 南 区	23 510	23 069	224		217
黔 江 区	4 134	3 675	357	11	91
长 寿 区	47 020	46 392	598		30
江 津 区	28 351	26 841	750		760
合 川 区	49 253	48 838	172		243
永 川 区	48 400	46 664	1 207		529
南 川 区	13 350	13 209	52		89
璧 山 区	12 091	11 818	161	30	82
铜 梁 区	41 052	38 413	1 840		799
潼 南 区	42 068	37 745	4 151	77	95
荣 昌 区	11 000	10 005	955		40
开 州 区	33 125	31 910	530		685
梁 平 区	21 520	21 160	343		17
武 隆 区	5 687	4 896	211		580
城 口 县	646	644			2
丰 都 县	10 485	10 120	3		362
垫 江 县	20 800	20 543	190		67
忠 　 县	19 425	18 447	710		268
云 阳 县	12 100	11 968	14		118
奉 节 县	3 924	3 914	10		
巫 山 县	628	613	11		4
巫 溪 县	1 298	1 213	10		75
石 柱 县	5 160	4 982	20		158
秀 山 县	5 775	4 360	690		725
酉 阳 县	2 097	2 029	68		
彭 水 县	488	400	86		2
万 盛 区	1 468	1 455	12		1
高 新 区	1 510	1 505	5		

全市各区县水产品产量及增减情况（二）

单位：吨

地 区	2021 年				
	总产量	鱼类	甲壳类	贝类	其他类
全市总计	545 343	525 366	12 514	82	7 381
万 州 区	22 149	21 628	230		291
涪 陵 区	17 275	17 144	41		90
大 渡 口 区	160	160			
江 北 区	135	130			5
沙 坪 坝 区	5 001	5 000			1
九 龙 坡 区	2 300	2 294	5		1
南 岸 区	982	982			
北 碚 区	4 223	4 152			71
綦 江 区	12 030	11 278	250		502
大 足 区	25 040	23 916	911		213
渝 北 区	8 021	7 160	57	32	772
巴 南 区	22 200	21 778	208	3	211
黔 江 区	3 711	3 204	448		59
长 寿 区	45 140	44 178	658		304
江 津 区	27 430	26 280	470		680
合 川 区	47 563	47 143	158		262
永 川 区	46 170	44 990	702		478
南 川 区	12 833	12 680	65		88
璧 山 区	12 006	11 754	147	27	78
铜 梁 区	39 500	37 010	1 730		760
潼 南 区	40 344	36 435	3 819		90
荣 昌 区	11 150	11 148			2
开 州 区	32 140	30 995	460		685
梁 平 区	20 725	20 403	305		17
武 隆 区	5 185	4 627	205		353
城 口 县	577	575			2
丰 都 县	10 046	10 037	3		6
垫 江 县	20 000	19 752	183		65
忠 县	18 600	17 740	610	20	230
云 阳 县	11 539	11 413	13		113
奉 节 县	3 916	3 916			
巫 山 县	624	614	8		2
巫 溪 县	1 258	1 170	10		78
石 柱 县	4 580	4 417	50		113
秀 山 县	5 600	4 190	690		720
酉 阳 县	1 810	1 743	31		36
彭 水 县	425	400	25		
万 盛 区	1 450	1 435	12		3
高 新 区	1 505	1 495	10		

全市各区县水产品产量及增减情况（三）

单位：吨

地 区	2022 年比 2021 年增减				
	总产量	鱼类	甲壳类	贝类	其他类
全市总计	20 960	15 988	5 228	36	−292
万 州 区	846	784	25		37
涪 陵 区	855	836	−1		20
大渡口区	10	10			
江 北 区	8	8			
沙坪坝区	1	1			
九龙坡区	94	90	5		−1
南 岸 区	25	25			
北 碚 区	227	206	10		11
綦 江 区	377	831	2		−456
大 足 区	270	−2 402	2 878		−206
渝 北 区	−91	293	−51	−32	−301
巴 南 区	1 310	1 291	16	−3	6
黔 江 区	423	471	−91	11	32
长 寿 区	1 880	2 214	−60		−274
江 津 区	921	561	280		80
合 川 区	1 690	1 695	14		−19
永 川 区	2 230	1 674	505		51
南 川 区	517	529	−13		1
璧 山 区	85	64	14	3	4
铜 梁 区	1 552	1 403	110		39
潼 南 区	1 724	1 310	332	77	5
荣 昌 区	−150	−1 143	955		38
开 州 区	985	915	70		
梁 平 区	795	757	38		
武 隆 区	502	269	6		227
城 口 县	69	69			
丰 都 县	439	83			356
垫 江 县	800	791	7		2
忠 县	825	707	100	−20	38
云 阳 县	561	555	1		5
奉 节 县	8	−2	10		
巫 山 县	4	−1	3		2
巫 溪 县	40	43			−3
石 柱 县	580	565	−30		45
秀 山 县	175	170			5
酉 阳 县	287	286	37		−36
彭 水 县	63		61		2
万 盛 区	18	20			−2
高 新 区	5	10	−5		

全市水产养殖产量、面积和单产增减情况

指　标		2022 年			2021 年			2022 年比 2021 年增减		
		产量 （吨）	面积 （公顷）	单产 （千克/公顷）	产量 （吨）	面积 （公顷）	单产 （千克/公顷）	产量 （吨）	面积 （公顷）	单产 （千克/公顷）
淡水养殖		566 303	85 250.51	6 642.81	545 343	84 355.49	6 464.82	20 960	895.02	177.99
按水域分	池塘	480 301	49 854.84	9 633.99	475 365	49 696.93	9 565.28	4 936	157.91	68.71
	湖泊									
	水库	54 185	35 299.70	1 535.00	48 244	34 553.73	1 396.20	5 941	745.97	138.80
	河沟									
	稻田养成鱼	19 178	26 597.80	721.04	16 168	24 077.03	671.51	3 010	2 520.77	49.53
	其他	12 639	95.97	131 697.41	5 566	104.83	53 095.49	7 073	−8.86	78 601.92
按养殖方式分	工厂化	863	62 363.24 米³	13.84	742	39 520.00 米³	18.78	121	22 843.24 米³	−4.94
	冷水鱼	4 487	460 043.10 米²	9.75				4 487	460 043.10 米²	9.75
	流水养殖	1 743	323 649.00 米²	5.39				1 743	323 649.00 米²	5.39
	其他（池塘内循环流水、集装箱）	5 546	175 987.89 米²	31.51				5 546	175 987.89 米²	31.51

全市各区县水产养殖面积增减情况（一）

单位：公顷

地　　区	2022 年			
	总面积	池塘	水库	其他
全 市 总 计	85 250.51	49 854.84	35 299.70	95.97
万 州 区	3 852.00	2 416.00	1 436.00	
涪 陵 区	2 740.59	1 400.00	1 330.00	10.59
大 渡 口 区	14.00	14.00		
江 北 区	14.00	14.00		
沙 坪 坝 区	315.00	164.00	151.00	
九 龙 坡 区	480.03	391.00	89.00	0.03
南 岸 区	114.00	87.00	27.00	
北 碚 区	415.43	339.33	75.98	0.12
綦 江 区	1 677.00	919.41	757.59	
大 足 区	5 798.14	2 839.00	2 959.00	0.14
渝 北 区	1 452.00	708.00	744.00	
巴 南 区	2 383.03	1 658.00	724.00	1.03
黔 江 区	1 197.22	485.22	709.16	2.84
长 寿 区	10 658.96	2 148.24	8 509.49	1.23
江 津 区	4 063.35	3 216.58	846.09	0.68
合 川 区	4 720.00	3 875.00	845.00	
永 川 区	5 585.81	4 329.00	1 256.00	0.81
南 川 区	2 330.00	892.00	1 438.00	
璧 山 区	2 495.44	1 375.31	1 120.00	0.13
铜 梁 区	4 529.61	3 772.96	755.31	1.34
潼 南 区	4 898.00	3 928.00	970.00	
荣 昌 区	1 792.32	1 429.02	363.30	
开 州 区	3 813.00	2 831.00	972.00	10.00
梁 平 区	2 366.20	1 578.38	786.59	1.23
武 隆 区	566.99	290.00	274.00	2.99
城 口 县	602.00	15.33	580.00	6.67
丰 都 县	2 820.33	1 280.08	1 530.65	9.60
垫 江 县	3 156.00	2 359.98	796.02	
忠 县	2 300.00	1 590.00	709.00	1.00
云 阳 县	2 946.00	1 725.50	1 219.00	1.50
奉 节 县	685.27	275.58	409.69	
巫 山 县	198.00	82.26	101.00	14.74
巫 溪 县	692.08	94.86	587.33	9.89
石 柱 县	736.00	375.00	361.00	
秀 山 县	1 798.50	469.50	1 316.00	13.00
酉 阳 县	485.33	86.00	394.50	4.83
彭 水 县	114.68	113.10		1.58
万 盛 区	144.20	137.20	7.00	
高 新 区	300.00	150.00	150.00	

全市各区县水产养殖面积增减情况（二）

单位：公顷

地　区	2021 年			
	总面积	池塘	水库	其他
全市总计	84 355.49	49 696.93	34 553.73	104.83
万　州　区	3 852.00	2 416.00	1 436.00	
涪　陵　区	2 676.60	1 670.00	1 000.00	6.60
大 渡 口 区	14.00	14.00		
江　北　区	14.00	14.00		
沙 坪 坝 区	315.00	164.00	151.00	
九 龙 坡 区	480.10	391.00	89.00	0.10
南　岸　区	138.00	138.00		
北　碚　区	363.00	279.00	84.00	
綦　江　区	1 677.00	914.00	763.00	
大　足　区	5 798.00	2 839.00	2 959.00	
渝　北　区	1 503.00	705.00	798.00	
巴　南　区	2 384.00	1 657.00	727.00	
黔　江　区	1 164.00	463.00	701.00	
长　寿　区	10 648.67	2 126.59	8 479.82	42.26
江　津　区	4 068.13	3 222.00	846.00	0.13
合　川　区	4 722.56	3 875.00	845.00	2.56
永　川　区	5 336.14	3 992.00	1 344.00	0.14
南　川　区	1 927.00	892.00	1 035.00	
璧　山　区	2 550.00	1 416.00	1 134.00	
铜　梁　区	4 580.31	3 841.55	737.16	1.60
潼　南　区	4 898.00	3 928.00	970.00	
荣　昌　区	1 673.00	1 333.00	340.00	
开　州　区	3 803.00	2 831.00	972.00	
梁　平　区	2 366.00	1 579.00	787.00	
武　隆　区	566.00	289.00	274.00	3.00
城　口　县	602.00	22.00	580.00	
丰　都　县	2 832.17	1 278.88	1 543.72	9.57
垫　江　县	3 155.16	2 359.46	795.70	
忠　　　县	2 280.00	1 580.00	700.00	
云　阳　县	2 883.50	1 717.00	1 165.00	1.50
奉　节　县	644.00	247.00	392.00	5.00
巫　山　县	209.00	108.00	101.00	
巫　溪　县	695.27	98.45	587.33	9.49
石　柱　县	726.00	365.00	361.00	
秀　山　县	1 780.00	444.00	1 316.00	20.00
酉　阳　县	465.88	81.00	383.00	1.88
彭　水　县	114.00	113.00		1.00
万　盛　区	144.00	137.00	7.00	
高　新　区	307.00	157.00	150.00	

全市各区县水产养殖面积增减情况（三）

单位：公顷

地　　区	2022 年比 2021 年增减			
	总面积	池塘	水库	其他
全 市 总 计	895.02	157.91	745.97	−8.86
万 州 区				
涪 陵 区	63.99	−270.00	330.00	3.99
大 渡 口 区				
江 北 区				
沙 坪 坝 区				
九 龙 坡 区	−0.07			−0.07
南 岸 区	−24.00	−51.00	27.00	
北 碚 区	52.43	60.33	−8.02	0.12
綦 江 区		5.41	−5.41	
大 足 区	0.14			0.14
渝 北 区	−51.00	3.00	−54.00	
巴 南 区	−0.97	1.00	−3.00	1.03
黔 江 区	33.22	22.22	8.16	2.84
长 寿 区	10.29	21.65	29.67	−41.03
江 津 区	−4.78	−5.42	0.09	0.55
合 川 区	−2.56			−2.56
永 川 区	249.67	337.00	−88.00	0.67
南 川 区	403.00		403.00	
璧 山 区	−54.56	−40.69	−14.00	0.13
铜 梁 区	−50.70	−68.59	18.15	−0.26
潼 南 区				
荣 昌 区	119.32	96.02	23.30	
开 州 区	10.00			10.00
梁 平 区	0.20	−0.62	−0.41	1.23
武 隆 区	0.99	1.00		−0.01
城 口 县		−6.67		6.67
丰 都 县	−11.84	1.20	−13.07	0.03
垫 江 县	0.84	0.52	0.32	
忠 　 县	20.00	10.00	9.00	1.00
云 阳 县	62.50	8.50	54.00	
奉 节 县	41.27	28.58	17.69	−5.00
巫 山 县	−11.00	−25.74		14.74
巫 溪 县	−3.19	−3.59		0.40
石 柱 县	10.00	10.00		
秀 山 县	18.50	25.50		−7.00
酉 阳 县	19.45	5.00	11.50	2.95
彭 水 县	0.68	0.10		0.58
万 盛 区	0.20	0.20		
高 新 区	−7.00	−7.00		

全市水产苗种增减情况

指 标	计量单位	2022 年	2021 年	2022 年比 2021 年增减	
				绝对量	幅度（%）
淡水鱼苗产量	万尾	863 887	835 128	28 759	3.44
其中：罗非鱼	万尾	933	1 082	−149	−13.77
淡水鱼种	吨	75 855	80 394	−4 539	−5.65
投放鱼种	吨	107 725	104 137	3 588	3.45
稚鳖数量	千只	605	618	−13	−2.10
稚龟数量	千只	19	17	2	11.76
虾类育苗	万尾	46 491	43 491	3 000	6.90

全市各区县水产苗种增减情况（一）

地　　区	2022 年		
	淡水鱼苗（万尾）	淡水鱼种（吨）	投放鱼种（吨）
全 市 总 计	863 887	75 855	107 725
万 州 区	2 610	3 390	4 610
涪 陵 区	9 000	1 500	1 600
大 渡 口 区	24	52	52
江 北 区			
沙 坪 坝 区		456	910
九 龙 坡 区	200		560
南 岸 区			336
北 碚 区	7 500	1 365	1 060
綦 江 区	12 000	126	2 367
大 足 区	4 537	4 069	4 328
渝 北 区			2 469
巴 南 区	2 636	2 206	4 076
黔 江 区	1 819	142	938
长 寿 区	32 013	4 990	7 390
江 津 区	86 730	6 100	10 005
合 川 区	60 306	6 950	8 865
永 川 区	317 440	10 012	9 485
南 川 区	3 862	425	3 189
璧 山 区	2 200	825	1 980
铜 梁 区	21 246	3 485	7 672
潼 南 区	145 654	8 198	7 585
荣 昌 区	105 639	2 485	2 320
开 州 区		6 400	6 699
梁 平 区		6 094	6 782
武 隆 区	4 033	643	1 179
城 口 县	30	19	19
丰 都 县	23	49	1 062
垫 江 县	3 317	1 428	2 803
忠 　 县	4 500	1 200	1 700
云 阳 县	20 500	1 360	2 700
奉 节 县	938	677	677
巫 山 县	1 080	31	128
巫 溪 县	6	5	132
石 柱 县	350	250	516
秀 山 县	7 600	410	530
西 阳 县	5 000	130	257
彭 水 县	631	23	90
万 盛 区	463	360	339
高 新 区			315

全市各区县水产苗种增减情况（二）

地　区	2021 年		
	淡水鱼苗（万尾）	淡水鱼种（吨）	投放鱼种（吨）
全 市 总 计	835 128	80 394	104 137
万 州 区	2 550	3 320	4 550
涪 陵 区	8 000	1 500	1 540
大 渡 口 区	23	50	50
江 北 区			20
沙 坪 坝 区		455	905
九 龙 坡 区			420
南 岸 区		196	196
北 碚 区	7 500	1 357	1 053
綦 江 区	10 000	1 862	2 165
大 足 区	20 715	3 832	3 981
渝 北 区	6 000	1 750	2 001
巴 南 区	1 548	2 128	4 032
黔 江 区		330	825
长 寿 区	24 405	6 750	7 440
江 津 区	85 870	5 980	9 780
合 川 区	60 000	6 901	8 863
永 川 区	256 970	9 705	9 078
南 川 区	3 786	409	3 065
璧 山 区	5 435	1 643	2 559
铜 梁 区	20 719	3 479	7 238
潼 南 区	141 540	7 896	7 385
荣 昌 区	110 500	2 600	2 436
开 州 区		6 400	6 400
梁 平 区		5 500	6 600
武 隆 区	3 945	629	1 085
城 口 县	60	20	20
丰 都 县	30 000	31	520
垫 江 县	3 250	1 394	2 746
忠 县	4 000	1 100	1 600
云 阳 县	19 800	1 305	2 650
奉 节 县	912	682	682
巫 山 县	1 200	35	128
巫 溪 县	6	11	130
石 柱 县	300	200	480
秀 山 县		390	520
酉 阳 县	5 000	130	255
彭 水 县	628	62	88
万 盛 区	466	362	341
高 新 区			310

全市各区县水产苗种增减情况（三）

地　　区	2022 年比 2021 年增减		
	淡水鱼苗（万尾）	淡水鱼种（吨）	投放鱼种（吨）
全 市 总 计	28 759	−4 539	3 588
万 州 区	60	70	60
涪 陵 区	1 000		60
大 渡 口 区	1	2	2
江 北 区			−20
沙 坪 坝 区		1	5
九 龙 坡 区	200		140
南 岸 区		−196	140
北 碚 区		8	7
綦 江 区	2 000	−1 736	202
大 足 区	−16 178	237	347
渝 北 区	−6 000	−1 750	468
巴 南 区	1 088	78	44
黔 江 区	1 819	−188	113
长 寿 区	7 608	−1 760	−50
江 津 区	860	120	225
合 川 区	306	49	2
永 川 区	60 470	307	407
南 川 区	76	16	124
璧 山 区	−3 235	−818	−579
铜 梁 区	527	6	434
潼 南 区	4 114	302	200
荣 昌 区	−4 861	−115	−116
开 州 区			299
梁 平 区		594	182
武 隆 区	88	14	94
城 口 县	−30	−1	−1
丰 都 县	−29 977	18	542
垫 江 县	67	34	57
忠 　 县	500	100	100
云 阳 县	700	55	50
奉 节 县	26	−5	−5
巫 山 县	−120	−4	
巫 溪 县		−6	2
石 柱 县	50	50	36
秀 山 县	7 600	20	10
酉 阳 县			2
彭 水 县	3	−39	2
万 盛 区	−3	−2	−2
高 新 区			5

全市水产加工增减情况

指　　标	单位	2022 年	2021 年	2022 年比 2021 年增减	
				绝对量	幅度（％）
一、水产品加工企业	个	13	10	3	30.00
水产品加工能力	吨/年	4 055	3 565	490	13.74
规模以上加工企业	个	4	3	1	33.33
二、水产品冷库	座	19	17	2	11.76
冻结能力	吨/日	12 902	12 882	20	0.16
冷藏能力	吨/次	5 217	5 237	−20	−0.38
制冰能力	吨/日	88	76	12	15.79
三、水产加工品总量	吨	1 249	780	469	60.13
（一）水产品冷冻	吨	438	438	0	0.00
其中：冷冻品	吨	360	360	0	0.00
冷冻加工品	吨	78	78	0	0.00
（二）鱼糜制品及干腌制品	吨	551	192	359	186.98
其中：鱼糜制品	吨	5	3	2	66.67
干制品	吨	546	189	357	188.89
（三）其他水产品加工品	吨	260	150	110	73.33
四、用于加工的水产品产量	吨	1 735	1 243	492	39.58

全市各区县水产加工品增减情况

地　区	2022 年（吨）	2021 年（吨）	2022 年比 2021 年增减	
			绝对量（吨）	幅度（％）
全 市 总 计	1 249	780	469	60.13
万 州 区	350		350	
涪 陵 区				
大 渡 口 区				
江 北 区				
沙 坪 坝 区				
九 龙 坡 区				
南 岸 区				
北 碚 区				
綦 江 区				
大 足 区				
渝 北 区				
巴 南 区				
黔 江 区				
长 寿 区	8	6	2	33.33
江 津 区				
合 川 区				
永 川 区				
南 川 区				
璧 山 区				
铜 梁 区				
潼 南 区				
荣 昌 区				
开 州 区	48	48		
梁 平 区	100	100		
武 隆 区	178	176	2	1.14
城 口 县				
丰 都 县				
垫 江 县				
忠 县	300	300		
云 阳 县	255	150	105	70.00
奉 节 县				
巫 山 县				
巫 溪 县				
石 柱 县				
秀 山 县	10		10	
酉 阳 县				
彭 水 县				
万 盛 区				
高 新 区				

全市渔业经济总产值及增减情况（按当年价格计算）

单位：万元

指　　标	2022 年	2021 年	2022 年比 2021 年增减
渔业经济总产值	2 249 773.69	2 218 312.98	31 460.71
一、渔业	1 495 880.26	1 498 951.10	－3 070.84
淡水养殖	1 369 937.00	1 381 702.00	－11 765.00
水产苗种	125 943.26	117 249.10	8 694.16
二、渔业工业和建筑业	137 794.96	131 762.00	6 032.96
水产品加工	10 904	6 224	4 680
渔用机具制造	2 624	1 440	1 184
其中：渔船渔机修造	91	135	－44
渔用绳网制造	619	635	－16
渔用饲料	102 304	107 236	－4 932
渔用药物	1 060	1 254	－194
建筑业	20 902.96	15 292.00	5 610.96
三、渔业流通和服务业	616 098.47	587 599.88	28 498.59
水产流通	326 421.31	315 396.45	11 024.86
水产（仓储）运输	51 851.80	43 314.50	8 537.30
休闲渔业	233 567.58	225 268.00	8 299.58
其他	4 257.78	3 620.93	636.85

全市各区县渔业产值增减情况

单位：万元

地 区	2022 年		2021 年		2022 年比 2021 年增减	
	渔业经济总产值	渔业产值	渔业经济总产值	渔业产值	渔业经济总产值	渔业产值
全市总计	2 249 773.69	1 495 880.26	2 218 312.98	1 498 951.10	31 460.71	−3 070.84
万 州 区	107 198.00	70 548.00	101 667.00	70 267.00	5 531.00	281.00
涪 陵 区	94 596.00	60 796.00	91 046.00	59 466.00	3 550.00	1 330.00
大渡口区	666.00	467.00	622.00	441.00	44.00	26.00
江 北 区	44 089.00	552.00	43 638.00	571.00	451.00	−19.00
沙坪坝区	29 864.00	9 101.00	30 312.00	9 567.00	−448.00	−466.00
九龙坡区	12 321.00	7 786.00	12 383.00	7 878.00	−62.00	−92.00
南 岸 区	4 531.00	2 378.00	3 866.00	2 313.00	665.00	65.00
北 碚 区	11 146.00	8 701.00	11 220.00	8 782.00	−74.00	−81.00
綦 江 区	38 468.12	23 552.00	34 462.00	25 898.00	4 006.12	−2 346.00
大 足 区	100 787.43	84 256.77	96 303.00	77 536.00	4 484.43	6 720.77
渝 北 区	29 151.56	18 061.00	58 466.00	19 834.00	−29 314.44	−1 773.00
巴 南 区	99 012.00	58 701.00	96 367.00	58 935.00	2 645.00	−234.00
黔 江 区	17 798.25	9 539.00	15 837.00	9 274.00	1 961.25	265.00
长 寿 区	162 505.60	115 375.80	156 409.05	115 641.00	6 096.55	−265.20
江 津 区	99 160.00	78 479.00	97 221.00	78 211.00	1 939.00	268.00
合 川 区	169 404.00	132 442.00	170 293.00	134 196.00	−889.00	−1 754.00
永 川 区	239 290.00	117 170.00	230 556.00	114 901.00	8 734.00	2 269.00
南 川 区	34 402.31	29 419.53	35 051.00	30 366.00	−648.69	−946.47
璧 山 区	39 646.00	31 107.00	40 422.00	32 788.00	−776.00	−1 681.00
铜 梁 区	133 079.44	103 188.44	132 885.00	102 889.00	194.44	299.44
潼 南 区	122 557.00	82 529.50	120 925.00	82 918.00	1 632.00	−388.50
荣 昌 区	34 475.00	32 193.00	39 188.00	36 505.00	−4 713.00	−4 312.00
开 州 区	150 267.00	99 073.00	151 391.00	100 484.00	−1 124.00	−1 411.00
梁 平 区	142 549.00	69 049.00	120 258.00	68 110.00	22 291.00	939.00
武 隆 区	18 439.00	14 888.00	17 826.00	14 525.00	613.00	363.00
城 口 县	2 808.00	2 230.00	2 643.00	2 118.00	165.00	112.00
丰 都 县	41 307.43	36 463.25	41 219.83	36 904.23	87.60	−440.98
垫 江 县	53 599.79	43 432.47	53 510.86	43 796.87	88.93	−364.40
忠 县	80 869.00	47 799.00	78 087.00	47 837.00	2 782.00	−38.00
云 阳 县	44 173.00	35 820.00	43 001.00	35 651.00	1 172.00	169.00
奉 节 县	8 950.70	8 589.00	10 441.00	8 888.00	−1 490.30	−299.00
巫 山 县	3 450.75	2 849.00	3 588.63	2 981.00	−137.88	−132.00
巫 溪 县	4 856.31	3 155.50	4 731.61	3 192.00	124.70	−36.50
石 柱 县	23 245.00	20 665.00	21 256.00	19 916.00	1 989.00	749.00
秀 山 县	27 384.00	16 934.00	26 002.00	17 452.00	1 382.00	−518.00
酉 阳 县	8 366.00	7 916.00	7 847.00	7 198.00	519.00	718.00
彭 水 县	3 409.00	2 281.00	3 067.00	1 967.00	342.00	314.00
万 盛 区	5 022.00	3 483.00	5 149.00	3 599.00	−127.00	−116.00
高 新 区	6 930.00	4 910.00	9 155.00	5 155.00	−2 225.00	−245.00

全市渔业船舶增减情况

指　标	2022 年			2021 年			2022 年比 2021 年增减		
	艘	总吨	千瓦	艘	总吨	千瓦	艘	总吨	千瓦
渔业船舶拥有量	347	2 557	10 835	289	1 022	9 775	58	1 535	1 060
机动渔船	206	1 463	10 835	151	1 164	9 775	55	299	1 060
生产渔船	92	562	940	31	244	422	61	318	518
辅助渔船	114	901	9 895	120	920	9 353	—6	—19	542
机动渔船（按船长分）									
24 米（含）以上	3	180	1 595	3	180	1 595	0	0	0
12（含）～24 米	81	903	5 287	74	727	3 846	7	176	1 441
12 米以下	122	380	3 953	74	257	4 334	48	123	—381
非机动渔船	141	1 094		138	38		3	1 056	

全市各区县渔业船舶增减情况（一）

地　区	2022 年		
	艘	总吨	千瓦
全 市 总 计	206	1 463	10 835
万 州 区	34	195	806
涪 陵 区			
大 渡 口	1	9	110
江 北 区	2	23	349
沙 坪 坝 区	1	17	254
九 龙 坡 区			
南 岸 区			
北 碚 区	2	6	162
綦 江 区			
大 足 区			
渝 北 区			
巴 南 区	3	47	835
黔 江 区	4	27	533
长 寿 区	89	602	1 172
江 津 区	2	42	524
合 川 区			
永 川 区			
南 川 区			
璧 山 区			
铜 梁 区			
潼 南 区	11	22	571
荣 昌 区			
开 州 区			
梁 平 区			
武 隆 区			
城 口 县			
丰 都 县	4	25	259
垫 江 县			
忠 县	1	50	306
云 阳 县	33	230	1 941
奉 节 县	2	13	193
巫 山 县	8	91	1 716
巫 溪 县			
石 柱 县			
秀 山 县	1	8	105
酉 阳 县	6	40	756
彭 水 县	2	16	243
万 盛 区			
高 新 区			

全市各区县渔业船舶增减情况（二）

地　　区	2021 年		
	艘	总吨	千瓦
全 市 总 计	151	1 164	9 775
万 州 区	34	195	806
涪 陵 区			
大 渡 口	1	9	110
江 北 区	2	23	349
沙 坪 坝 区	1	17	254
九 龙 坡 区			
南 岸 区			
北 碚 区	2	6	162
綦 江 区			
大 足 区			
渝 北 区			
巴 南 区	1	8	105
黔 江 区	4	27	533
长 寿 区	36	338	874
江 津 区	2	42	524
合 川 区			
永 川 区			
南 川 区			
璧 山 区			
铜 梁 区			
潼 南 区	11	25	570
荣 昌 区			
开 州 区			
梁 平 区			
武 隆 区			
城 口 县			
丰 都 县	5	34	333
垫 江 县			
忠 县	1	50	306
云 阳 县	33	230	1 941
奉 节 县	2	13	193
巫 山 县	8	91	1 716
巫 溪 县			
石 柱 县			
秀 山 县			
酉 阳 县	6	40	756
彭 水 县	2	16	243
万 盛 区			
高 新 区			

全市各区县渔业船舶增减情况（三）

地　　区	2022 年比 2021 年增减		
	艘	总吨	千瓦
全 市 总 计	55	299	1 060
万 州 区			
涪 陵 区			
大 渡 口			
江 北 区			
沙 坪 坝 区			
九 龙 坡 区			
南 岸 区			
北 碚 区			
綦 江 区			
大 足 区			
渝 北 区			
巴 南 区	2	39	730
黔 江 区			
长 寿 区	53	264	298
江 津 区			
合 川 区			
永 川 区			
南 川 区			
璧 山 区			
铜 梁 区			
潼 南 区		−3	1
荣 昌 区			
开 州 区			
梁 平 区			
武 隆 区			
城 口 县			
丰 都 县	−1	−9	−74
垫 江 县			
忠 县			
云 阳 县			
奉 节 县			
巫 山 县			
巫 溪 县			
石 柱 县			
秀 山 县	1	8	105
酉 阳 县			
彭 水 县			
万 盛 区			
高 新 区			

全市渔业人口与从业人员增减情况

指　　标	计量单位	2022 年	2021 年	2022 年比 2021 年增减	
				绝对量	幅度（％）
一、渔业村	个	5	5	0	0.00
二、渔业户	户	86 370	101 725	−15 355	−15.09
三、渔业人口	人	356 019	378 491	−22 472	−5.94
其中：传统渔民	人	280	280		
四、渔业从业人员	人	305 884	302 252	3 632	1.20
（一）专业从业人员	人	140 216	140 189	27	0.02
其中：女性	人	45 622	47 234	−1 612	−3.41
1. 养殖专业	人	127 117	127 395	−278	−0.22
2. 其他专业		13 099	12 794	305	2.38
（二）兼业从业人员	人	117 946	118 738	−792	−0.67
其中：女性	人	31 140	30 618	522	1.70
（三）临时从业人员	人	47 722	43 325	4 397	10.15
其中：女性	人	10 913	10 791	122	1.13

全市各区县渔业人口增减情况（一）

单位：户，人

地 区	2022 年		
	渔业户	渔业人口	渔业从业人员
全 市 总 计	86 370	356 019	305 884
万 州 区	6 520	21 570	32 936
涪 陵 区	2 700	9 000	7 580
大 渡 口	120	370	344
江 北 区			74
沙 坪 坝 区	558	1 796	847
九 龙 坡 区	760	2 463	3 778
南 岸 区	216		506
北 碚 区	1 635	2 022	3 893
綦 江 区	609	2 445	1 982
大 足 区	5 471	21 055	12 920
渝 北 区	239	564	654
巴 南 区	3 019	7 980	5 695
黔 江 区	1 497	5 610	9 812
长 寿 区	1 470	8 417	4 108
江 津 区	15 341	73 044	61 772
合 川 区	1 422	26 103	9 120
永 川 区	5 531	28 142	14 985
南 川 区	8 765	26 086	19 805
璧 山 区	1 906	5 821	4 514
铜 梁 区	452	10 800	15 067
潼 南 区	8 619	32 863	27 427
荣 昌 区	2 466	8 111	2 700
开 州 区	3 503	15 533	15 165
梁 平 区	985	2 781	2 539
武 隆 区	1 686	5 130	4 965
城 口 县	109	376	197
丰 都 县	1 374	4 376	3 723
垫 江 县	1 936	6 798	11 584
忠 县	864	4 008	3 260
云 阳 县	1 840	6 100	10 660
奉 节 县	1 520	5 127	5 127
巫 山 县	247	691	691
巫 溪 县	135	389	430
石 柱 县	1 930	5 210	2 175
秀 山 县	480	2 540	1 855
酉 阳 县	380	1 148	887
彭 水 县	65	295	793
万 盛 区		975	528
高 新 区		280	786

全市各区县渔业人口增减情况（二）

单位：户，人

地　　区	2021 年		
	渔业户	渔业人口	渔业从业人员
全市总计	101 725	378 491	302 252
万 州 区	6 900	22 600	32 910
涪 陵 区	2 800	9 800	7 750
大 渡 口	120	370	344
江 北 区			73
沙 坪 坝 区	557	1 792	836
九 龙 坡 区	780	2 543	3 995
南 岸 区			486
北 碚 区	1 637	2 025	3 903
綦 江 区	640	1 850	1 193
大 足 区	5 712	23 120	13 191
渝 北 区	891	2 673	2 143
巴 南 区	3 226	8 664	5 796
黔 江 区	1 489	6 827	7 299
长 寿 区	1 460	8 411	3 925
江 津 区	29 561	87 661	61 776
合 川 区	1 422	26 141	9 113
永 川 区	5 456	28 044	14 420
南 川 区	8 765	26 086	19 805
璧 山 区	1 857	5 718	4 389
铜 梁 区		10 743	14 244
潼 南 区	8 545	32 541	26 741
荣 昌 区	2 642	9 000	3 100
开 州 区	3 503	15 528	15 145
梁 平 区	985	2 713	2 419
武 隆 区	1 680	5 120	4 944
城 口 县	109	376	197
丰 都 县	1 577	4 475	3 173
垫 江 县	1 915	6 683	11 392
忠 县	863	4 005	3 256
云 阳 县	1 840	6 110	10 680
奉 节 县	1 520	5 123	5 080
巫 山 县	246	687	687
巫 溪 县	127	385	435
石 柱 县	1 728	4 760	2 125
秀 山 县	460	2 500	1 750
酉 阳 县	647	1 835	1 415
彭 水 县	65	302	801
万 盛 区		980	536
高 新 区		300	785

全市各区县渔业人口增减情况（三）

单位：户，人

地 区	2022 年比 2021 年增减		
	渔业户	渔业人口	渔业从业人员
全 市 总 计	−15 355	−22 472	3 632
万 州 区	−380	−1 030	26
涪 陵 区	−100	−800	−170
大 渡 口			
江 北 区			1
沙 坪 坝 区	1	4	11
九 龙 坡 区	−20	−80	−217
南 岸 区	216		20
北 碚 区	−2	−3	−10
綦 江 区	−31	595	789
大 足 区	−241	−2 065	−271
渝 北 区	−652	−2 109	−1 489
巴 南 区	−207	−684	−101
黔 江 区	8	−1 217	2 513
长 寿 区	10	6	183
江 津 区	−14 220	−14 617	−4
合 川 区		−38	7
永 川 区	75	98	565
南 川 区			
璧 山 区	49	103	125
铜 梁 区	452	57	823
潼 南 区	74	322	686
荣 昌 区	−176	−889	−400
开 州 区		5	20
梁 平 区		68	120
武 隆 区	6	10	21
城 口 县			
丰 都 县	−203	−99	550
垫 江 县	21	115	192
忠 县	1	3	4
云 阳 县		−10	−20
奉 节 县		4	47
巫 山 县	1	4	4
巫 溪 县	8	4	−5
石 柱 县	202	450	50
秀 山 县	20	40	105
酉 阳 县	−267	−687	−528
彭 水 县		−7	−8
万 盛 区		−5	−8
高 新 区		−20	1

第二部分

水产品产量

全市各区县水产品产量（按品种分）（一）

单位：吨

地　　区	水产品产量	1. 鱼类	青鱼	草鱼	鲢鱼	鳙鱼
全 市 总 计	566 303	541 354	2 555	140 013	110 531	59 549
万 州 区	22 995	22 412	10	5 790	5 031	1 760
涪 陵 区	18 130	17 980	190	5 000	3 500	3 000
大 渡 口 区	170	170		75	82	
江 北 区	143	138		47	65	
沙 坪 坝 区	5 002	5 001	80	582	1 050	403
九 龙 坡 区	2 394	2 384		704	670	159
南 岸 区	1 007	1 007	2	292	169	280
北 碚 区	4 450	4 358	2	1 025	637	222
綦 江 区	12 407	12 109	2	5 332	1 507	1 232
大 足 区	25 310	21 514	10	6 854	3 580	2 960
渝 北 区	7 930	7 453	161	1 959	1 991	1 242
巴 南 区	23 510	23 069	403	6 316	5 758	3 389
黔 江 区	4 134	3 675	5	897	452	279
长 寿 区	47 020	46 392	95	11 185	12 029	9 278
江 津 区	28 351	26 841	14	7 660	4 917	2 888
合 川 区	49 253	48 838	537	12 096	12 784	4 395
永 川 区	48 400	46 664	159	10 916	9 385	3 498
南 川 区	13 350	13 209	70	3 340	2 249	2 018
璧 山 区	12 091	11 818	8	1 925	3 378	1 226
铜 梁 区	41 052	38 413	94	3 710	2 865	3 522
潼 南 区	42 068	37 745		9 913	8 455	2 707
荣 昌 区	11 000	10 005	10	2 568	2 370	1 100
开 州 区	33 125	31 910		16 113	6 597	2 687
梁 平 区	21 520	21 160		3 702	2 020	1 688
武 隆 区	5 687	4 896	15	1 696	564	178
城 口 县	646	644	16	66	110	70
丰 都 县	10 485	10 120		2 133	3 514	521
垫 江 县	20 800	20 543	5	5 445	4 523	2 620
忠 县	19 425	18 447	65	3 680	5 000	2 500
云 阳 县	12 100	11 968	470	2 365	2 860	1 970
奉 节 县	3 924	3 914	28	1 916	452	461
巫 山 县	628	613	3	157	41	48
巫 溪 县	1 298	1 213	31	418	122	27
石 柱 县	5 160	4 982	4	930	830	450
秀 山 县	5 775	4 360	32	1 880	380	290
酉 阳 县	2 097	2 029	28	340	178	131
彭 水 县	488	400	2	162	32	8
万 盛 区	1 468	1 455	4	599	99	107
高 新 区	1 510	1 505		225	285	235

全市各区县水产品产量（按品种分）（二）

单位：吨

地　　区	1. 鱼类（续）					
	鲤鱼	鲫鱼	鳊鲂	泥鳅	鲇鱼	鲖鱼
全市总计	45 210	99 432	6 095	8 033	7 083	7 508
万 州 区	3 861	1 850	300	410		
涪 陵 区	600	3 500	350	50	50	500
大 渡 口 区	4	9				
江 北 区		26				
沙 坪 坝 区	310	1 360	290	11	112	78
九 龙 坡 区	194	489				
南 岸 区	32	139			4	
北 碚 区	120	2 232	13		6	2
綦 江 区	427	2 977		15	72	
大 足 区	742	7 177		74	11	
渝 北 区	497	1 102		35	105	
巴 南 区	1 339	4 853	10	26	22	
黔 江 区	953	394		109	51	2
长 寿 区	1 519	7 062	374	27	167	113
江 津 区	2 379	6 224	157	312	247	259
合 川 区	1 436	9 008	642	320	2 981	1 194
永 川 区	1 335	16 459	585	596	345	1 586
南 川 区	1 379	3 028		617	37	
璧 山 区	577	3 735	101	267	46	58
铜 梁 区	2 670	3 357	888	774	197	2 024
潼 南 区	5 393	5 784	1 167	1 545	1 709	641
荣 昌 区	1 494	1 833		42	16	
开 州 区	2 094	2 652		50		
梁 平 区	2 213	4 737	160	1 343	283	310
武 隆 区	891	191	8	500	8	23
城 口 县	13	7			2	
丰 都 县	1 710	1 207	1	9	12	
垫 江 县	4 089	3 586	5	31	72	1
忠 　 县	1 820	2 020	375	365	320	350
云 阳 县	2 340	645	610	335	95	113
奉 节 县	638	162	30	11	29	
巫 山 县	165	45	2		40	
巫 溪 县	122	70		6	6	6
石 柱 县	812	500	10	70		
秀 山 县	680	75	12	65	15	155
酉 阳 县	257	31				93
彭 水 县	44	36		3	3	
万 盛 区	41	490				
高 新 区	20	380	5	15	20	

全市各区县水产品产量（按品种分）（三）

单位：吨

地　区	1. 鱼类（续）					
	黄颡鱼	鲑鱼	鳟鱼	短盖巨脂鲤	长吻鮠	黄鳝
全市总计	13 158	97	1 274	103	3 030	1 188
万 州 区	1 080				600	
涪 陵 区	600				50	10
大 渡 口 区						
江 北 区						
沙 坪 坝 区	82					5
九 龙 坡 区						
南 岸 区						
北 碚 区	10		2			
綦 江 区	289					15
大 足 区	4					28
渝 北 区	97					70
巴 南 区	53				702	11
黔 江 区	73					126
长 寿 区	1 984					6
江 津 区	609		16	2	94	20
合 川 区	1 686				167	23
永 川 区	485			85	17	192
南 川 区	54	24	26			
璧 山 区	63			16		67
铜 梁 区	1 586				1 072	
潼 南 区	218					
荣 昌 区						133
开 州 区	39		310			11
梁 平 区	2 960				40	130
武 隆 区	24		2		8	
城 口 县			330			
丰 都 县	11	17	200			10
垫 江 县	30					24
忠 县	480				260	200
云 阳 县	153					
奉 节 县						
巫 山 县	25				20	
巫 溪 县	3		116			12
石 柱 县	92	56	150			40
秀 山 县	290					55
酉 阳 县	15		120			
彭 水 县	13		2			
万 盛 区	50					
高 新 区						

全市各区县水产品产量（按品种分）（四）

单位：吨

地　　区	1. 鱼类（续）					
	鳜鱼	鲈鱼	乌鳢	罗非鱼	翘嘴红鲌	中华倒刺鲃
全 市 总 计	461	8 420	8 232	5 654	3 712	1 005
万 州 区		800		90	150	130
涪 陵 区		300			200	50
大 渡 口 区						
江 北 区						
沙 坪 坝 区	2	13	3	480	48	75
九 龙 坡 区		26		142		
南 岸 区		24				65
北 碚 区				40	4	40
綦 江 区	87	107		36	4	5
大 足 区		25	20	10		
渝 北 区		46	8		18	34
巴 南 区		6	7	148	1	22
黔 江 区	1	36			4	24
长 寿 区	21	1 335			849	
江 津 区	16	47	38	475	136	168
合 川 区	35	768	43	140	119	85
永 川 区	37	359	248	118	141	4
南 川 区	29					
璧 山 区		64	43	216	16	8
铜 梁 区	136	2 021	7 317	3 266	1 853	66
潼 南 区	58	23	107	5		
荣 昌 区		6	156	265	10	
开 州 区		30		37		
梁 平 区		1 166	50			50
武 隆 区		30			2	15
城 口 县						
丰 都 县		107				
垫 江 县	1			63	5	1
忠 　 县	35	320	150	80	150	130
云 阳 县	1	1	1	2		
奉 节 县						
巫 山 县	2	13	5		2	8
巫 溪 县		13				1
石 柱 县		100	3			
秀 山 县		320	28			
酉 阳 县		4				
彭 水 县						
万 盛 区				41		24
高 新 区		310	5			

全市各区县水产品产量（按品种分）（五）

单位：吨

地　　区	1.鱼类（续）				冷水鱼		
	胭脂鱼	岩原鲤	白甲鱼	丁鲅	鲟鱼	大鲵	裂腹鱼
全市总计	488	192	22	810	5 265	160	428
万　州　区	90	60		350	20	30	
涪　陵　区	10				10	10	
大渡口区							
江　北　区							
沙坪坝区							
九龙坡区							
南　岸　区							
北　碚　区	1				1	1	
綦　江　区	1						
大　足　区							
渝　北　区					10		
巴　南　区	2				1		
黔　江　区					262		
长　寿　区	1	1				2	
江　津　区	36	78		1	30	5	13
合　川　区	20	17	6	16	133		
永　川　区	6	1	1	11	95		
南　川　区	274	24				3	4
璧　山　区					3		
铜　梁　区	21				26	6	
潼　南　区			11			7	
荣　昌　区							
开　州　区					980	40	270
梁　平　区	4	4		300			
武　隆　区	7				713	15	6
城　口　县					16	1	13
丰　都　县					605		63
垫　江　县					41	1	
忠　　　县	15	7		120		5	
云　阳　县					2	5	
奉　节　县					175	2	10
巫　山　县			2	3	30	1	1
巫　溪　县				1	201	15	43
石　柱　县				1	928	1	5
秀　山　县					75		
酉　阳　县					822	10	
彭　水　县				9	86		
万　盛　区							
高　新　区							

全市各区县水产品产量（按品种分）（六）

地　区	2.甲壳类	虾	罗氏沼虾	青虾	克氏原螯虾	南美白对虾	蟹（河蟹）
全市总计	17 742	17 108	256	310	15 176	1 140	634
万　州　区	255	165	90	10	50	15	90
涪　陵　区	40	40			35	5	
大渡口区							
江　北　区							
沙坪坝区							
九龙坡区	10	10			10		
南　岸　区							
北　碚　区	10	10					
綦　江　区	252	252			102	150	
大　足　区	3 789	3 774			3 774		15
渝　北　区	6	6			6		
巴　南　区	224	215	10		45	2	9
黔　江　区	357	314			314		43
长　寿　区	598	598			563	30	
江　津　区	750	737			347	390	13
合　川　区	172	172	15	2	72	83	
永　川　区	1 207	1 137	45	18	1 044	30	70
南　川　区	52	46	34	6	6		6
璧　山　区	161	161			157	4	
铜　梁　区	1 840	1 828	11		1 705	90	12
潼　南　区	4 151	4 127	11	13	4 078		24
荣　昌　区	955	955	15		898	42	
开　州　区	530	530			380	150	
梁　平　区	343	278	15		193	70	65
武　隆　区	211	33			33		178
城　口　县							
丰　都　县	3	3					
垫　江　县	190	190			190		
忠　　　县	710	660		250	390	20	50
云　阳　县	14	9		1	6	2	5
奉　节　县	10	10		10			
巫　山　县	11	11			11		
巫　溪　县	10	10			10		
石　柱　县	20	20			8	12	
秀　山　县	690	685	10		630	45	5
酉　阳　县	68	19			16		49
彭　水　县	86	86			86		
万　盛　区	12	12			12		
高　新　区	5	5			5		

全市各区县水产品产量（按品种分）（七）

单位：吨

地 区	3. 贝类（螺）	4. 观赏鱼（条）	5. 其他类	龟	鳖	蛙
全市总计	118	107 271 136	7 089	52	1 590	5 445
万 州 区		6 000 000	328	3	15	310
涪 陵 区			110		50	60
大 渡 口 区						
江 北 区			5			5
沙 坪 坝 区		3 810 000	1		1	
九 龙 坡 区		2 500 000				
南 岸 区		60 000				
北 碚 区		5 000	82	12	70	
綦 江 区		25 000	46			46
大 足 区		670 000	7			7
渝 北 区		1 550 000	471			471
巴 南 区		8 955 000	217		6	211
黔 江 区	11		91	3	3	85
长 寿 区			30		15	15
江 津 区		5 396 000	760	2	65	693
合 川 区		150 000	243		148	93
永 川 区		1 076 764	529	12	341	176
南 川 区			89		72	17
璧 山 区	30	1 051 000	82		60	22
铜 梁 区		70 606 000	799		286	513
潼 南 区	77	14 851	95		95	
荣 昌 区		5 000 000	40			40
开 州 区		35 501	685		205	480
梁 平 区			17		10	7
武 隆 区		31 120	580		2	578
城 口 县			2		2	
丰 都 县			362			362
垫 江 县			67			67
忠 县			268	20	18	230
云 阳 县			118		13	105
奉 节 县						
巫 山 县			4		3	1
巫 溪 县			75		65	10
石 柱 县			158			158
秀 山 县		270 000	725		45	680
酉 阳 县		50 000				
彭 水 县			2			2
万 盛 区		14 900	1			1
高 新 区						

全市各区县水产品产量（按水域和养殖方式分）（一）

单位：吨

地　　区	水产品产量	按水域分			
		池塘	水库	稻田	其他
全市总计	566 303	480 301	54 185	19 178	12 639
万 州 区	22 995	19 483	3 082	428	2
涪 陵 区	18 130	15 828	1 908	140	254
大 渡 口 区	170	170			
江 北 区	143	143			
沙 坪 坝 区	5 002	4 612	231		159
九 龙 坡 区	2 394	2 143	175		76
南 岸 区	1 007	753	254		
北 碚 区	4 450	3 757	663		30
綦 江 区	12 407	10 371	1 789	247	
大 足 区	25 310	22 562	765	1 970	13
渝 北 区	7 930	6 668	1 250	3	9
巴 南 区	23 510	21 372	1 348	672	118
黔 江 区	4 134	2 502	1 154	194	284
长 寿 区	47 020	36 232	10 190	198	400
江 津 区	28 351	26 827	1 247	211	66
合 川 区	49 253	45 363	2 338	1 552	
永 川 区	48 400	45 254	1 890	1 203	53
南 川 区	13 350	10 865	1 892	593	
璧 山 区	12 091	9 180	2 718	158	35
铜 梁 区	41 052	33 599	3 029	1 574	2 850
潼 南 区	42 068	37 538	914	3 616	
荣 昌 区	11 000	8 017	131	2 852	
开 州 区	33 125	30 308	1 050	146	1 621
梁 平 区	21 520	19 220	500	500	1 300
武 隆 区	5 687	4 025	315	180	1 167
城 口 县	646	126	160		360
丰 都 县	10 485	6 907	2 260	430	888
垫 江 县	20 800	19 746	918	136	
忠　　县	19 425	11 740	6 300	1 375	10
云 阳 县	12 100	9 395	2 588	48	69
奉 节 县	3 924	2 415	1 506	3	
巫 山 县	628	298	28		302
巫 溪 县	1 298	861	165		272
石 柱 县	5 160	4 360	500	300	
秀 山 县	5 775	4 205	330	290	950
酉 阳 县	2 097	763	326	100	908
彭 水 县	488	305		59	124
万 盛 区	1 468	1 378	71		19
高 新 区	1 510	1 010	200		300

全市各区县水产品产量（按水域和养殖方式分）（二）

单位：吨

地　区	设施渔业产量	按养殖方式分			
		工厂化	冷水鱼	流水养殖	其他
全市总计	12 639	863	4 487	1 743	5 546
万 州 区	2				2
涪 陵 区	254	18		60	176
大渡口区					
江 北 区					
沙坪坝区	159	159			
九龙坡区	76	22		54	
南 岸 区					
北 碚 区	30				30
綦 江 区					
大 足 区	13	10			3
渝 北 区	9	9			
巴 南 区	118				118
黔 江 区	284		284		
长 寿 区	400	22			378
江 津 区	66				66
合 川 区					
永 川 区	53			11	42
南 川 区					
璧 山 区	35	3			32
铜 梁 区	2 850	125			2 725
潼 南 区					
荣 昌 区					
开 州 区	1 621	61	1 560		
梁 平 区	1 300				1 300
武 隆 区	1 167	15		1 152	
城 口 县	360		360		
丰 都 县	888		888		
垫 江 县					
忠 　 县	10		7		3
云 阳 县	69	9		60	
奉 节 县					
巫 山 县	302		32	270	
巫 溪 县	272		249	23	
石 柱 县					
秀 山 县	950	110	75	110	655
酉 阳 县	908		908		
彭 水 县	124		124		
万 盛 区	19				19
高 新 区	300	300			

第三部分

水产养殖面积

全市各区县水产养殖面积（按水域和养殖方式分）（一）

单位：公顷

地　　区	水产养殖面积	按水域分		
		池塘	水库	其他
全市总计	85 250.51	49 854.84	35 299.70	95.97
万　州　区	3 852.00	2 416.00	1 436.00	
涪　陵　区	2 740.59	1 400.00	1 330.00	10.59
大渡口区	14.00	14.00		
江　北　区	14.00	14.00		
沙坪坝区	315.00	164.00	151.00	
九龙坡区	480.03	391.00	89.00	0.03
南　岸　区	114.00	87.00	27.00	
北　碚　区	415.43	339.33	75.98	0.12
綦　江　区	1 677.00	919.41	757.59	
大　足　区	5 798.14	2 839.00	2 959.00	0.14
渝　北　区	1 452.00	708.00	744.00	
巴　南　区	2 383.03	1 658.00	724.00	1.03
黔　江　区	1 197.22	485.22	709.16	2.84
长　寿　区	10 658.96	2 148.24	8 509.49	1.23
江　津　区	4 063.35	3 216.58	846.09	0.68
合　川　区	4 720.00	3 875.00	845.00	
永　川　区	5 585.81	4 329.00	1 256.00	0.81
南　川　区	2 330.00	892.00	1 438.00	
璧　山　区	2 495.44	1 375.31	1 120.00	0.13
铜　梁　区	4 529.61	3 772.96	755.31	1.34
潼　南　区	4 898.00	3 928.00	970.00	
荣　昌　区	1 792.32	1 429.02	363.30	
开　州　区	3 813.00	2 831.00	972.00	10.00
梁　平　区	2 366.20	1 578.38	786.59	1.23
武　隆　区	566.99	290.00	274.00	2.99
城　口　县	602.00	15.33	580.00	6.67
丰　都　县	2 820.33	1 280.08	1 530.65	9.60
垫　江　县	3 156.00	2 359.98	796.02	
忠　　　县	2 300.00	1 590.00	709.00	1.00
云　阳　县	2 946.00	1 725.50	1 219.00	1.50
奉　节　县	685.27	275.58	409.69	
巫　山　县	198.00	82.26	101.00	14.74
巫　溪　县	692.08	94.86	587.33	9.89
石　柱　县	736.00	375.00	361.00	
秀　山　县	1 798.50	469.50	1 316.00	13.00
酉　阳　县	485.33	86.00	394.50	4.83
彭　水　县	114.68	113.10		1.58
万　盛　区	144.20	137.20	7.00	
高　新　区	300.00	150.00	150.00	

全市各区县水产养殖面积（按水域和养殖方式分）（二）

地　　区	设施渔业 （米³）	按养殖方式分			
		工厂化 （米³）	冷水鱼 （米²）	流水养殖 （米²）	其他（池塘内循环 流水、集装箱） （米²）
全市总计	959 679.99	62 363.24	460 043.10	323 649.00	175 987.89
万　州　区	50.00				50.00
涪　陵　区	105 930.00	2 000.00		51 600.00	54 330.00
大 渡 口 区					
江　北　区					
沙 坪 坝 区		3 400.00			
九 龙 坡 区	260.00	390.00			260.00
南　岸　区					
北　碚　区	1 160.00				1 160.00
綦　江　区					
大　足　区	1 400.00	3 000.00			1 400.00
渝　北　区		1 200.00			
巴　南　区	10 300.00				10 300.00
黔　江　区	28 414.20		28 414.20		
长　寿　区	12 333.00	2 300.00			12 333.00
江　津　区	6 803.00				6 803.00
合　川　区					
永　川　区	8 070.00			6 670.00	1 400.00
南　川　区					
璧　山　区	1 301.00	500.00			1 301.00
铜　梁　区	13 372.00	20 013.24			13 372.00
潼　南　区					
荣　昌　区					
开　州　区	100 000.00	2 500.00	100 000.00		
梁　平　区	12 320.00				12 320.00
武　隆　区	29 940.00	60.00		29 940.00	
城　口　县	66 667.00		66 667.00		
丰　都　县	96 019.00		96 019.00		
垫　江　县					
忠　　　县	9 960.00		7 760.00	2 200.00	
云　阳　县	15 000.00	8 000.00		15 000.00	
奉　节　县					
巫　山　县	147 407.00		2 668.00	144 739.00	
巫　溪　县	98 865.86		74 407.00	23 500.00	958.86
石　柱　县					
秀　山　县	130 000.00	15 000.00	20 000.00	50 000.00	60 000.00
酉　阳　县	48 300.00		48 300.00		
彭　水　县	15 807.90		15 807.90		
万　盛　区	0.03				0.03
高　新　区		4 000.00			

第四部分

水产养殖单产

全市各区县淡水养殖单产水平（一）

单位：千克/公顷

地　区	单产水平	按水域分		
		池塘	水库	其他
全市总计	6 643	9 634	1 535	131 697
万 州 区	5 970	8 064	2 146	
涪 陵 区	6 615	11 306	1 435	23 985
大渡口区	12 143	12 143		
江 北 区	10 214	10 214		
沙坪坝区	15 879	28 122	1 530	
九龙坡区	4 987	5 481	1 966	2 533 333
南 岸 区	8 833	8 655	9 407	
北 碚 区	10 712	11 072	8 726	250 000
綦 江 区	7 398	11 280	2 361	
大 足 区	4 365	7 947	259	92 857
渝 北 区	5 461	9 418	1 680	
巴 南 区	9 866	12 890	1 862	114 563
黔 江 区	3 453	5 156	1 627	100 000
长 寿 区	4 411	16 866	1 197	325 203
江 津 区	6 977	8 340	1 474	97 059
合 川 区	10 435	11 707	2 767	
永 川 区	8 665	10 454	1 505	65 432
南 川 区	5 730	12 180	1 316	
璧 山 区	4 845	6 675	2 427	269 231
铜 梁 区	9 063	8 905	4 010	2 126 866
潼 南 区	8 589	9 557	942	
荣 昌 区	6 137	5 610	361	
开 州 区	8 687	10 706	1 080	162 100
梁 平 区	9 095	12 177	636	1 056 911
武 隆 区	10 030	13 879	1 150	390 301
城 口 县	1 073	8 219	276	53 973
丰 都 县	3 718	5 396	1 476	92 500
垫 江 县	6 591	8 367	1 153	
忠　　县	8 446	7 384	8 886	10 000
云 阳 县	4 107	5 445	2 123	46 000
奉 节 县	5 726	8 763	3 676	
巫 山 县	3 172	3 623	277	20 488
巫 溪 县	1 876	9 077	281	27 503
石 柱 县	7 011	11 627	1 385	
秀 山 县	3 211	8 956	251	73 077
西 阳 县	4 321	8 872	826	187 992
彭 水 县	4 255	2 697		78 481
万 盛 区	10 180	10 044	10 143	
高 新 区	5 033	6 733	1 333	

全市各区县淡水养殖单产水平（二）

地　　区	工厂化 （千克/米³）	冷水鱼 （千克/米²）	流水养殖 （千克/米²）	其他（池塘内循环流水、 集装箱）（千克/米²）
全市总计	13.84	9.75	5.39	31.51
万 州 区				40.00
涪 陵 区	9.00		1.16	3.24
大 渡 口 区				
江 北 区				
沙 坪 坝 区	46.76			
九 龙 坡 区	56.41			
南 岸 区				
北 碚 区				25.86
綦 江 区				
大 足 区	3.33			2.14
渝 北 区	7.50			
巴 南 区				11.46
黔 江 区		10.00		
长 寿 区	9.57			30.65
江 津 区				9.70
合 川 区				
永 川 区			1.65	30.00
南 川 区				
璧 山 区	6.00			24.60
铜 梁 区	6.25			203.78
潼 南 区				
荣 昌 区				
开 州 区	24.40	15.60		
梁 平 区				105.52
武 隆 区	250.00		38.48	
城 口 县		5.40		
丰 都 县		9.25		
垫 江 县				
忠　　县		0.90	1.36	
云 阳 县	1.13		4.00	
奉 节 县				
巫 山 县		11.99	1.87	
巫 溪 县		3.35	0.98	
石 柱 县				
秀 山 县	7.33	3.75	2.20	10.92
酉 阳 县		18.80		
彭 水 县		7.84		
万 盛 区				633 333.33
高 新 区	75.00			

第五部分

水 产 苗 种

全市各区县水产苗种数量（一）

地　区	淡水鱼苗（万尾）	其中：罗非鱼	淡水鱼种（吨）
全市总计	863 887	933	75 855
万　州　区	2 610		3 390
涪　陵　区	9 000		1 500
大渡口区	24	1	52
江　北　区			
沙坪坝区			456
九龙坡区	200	110	
南　岸　区			
北　碚　区	7 500	2	1 365
綦　江　区	12 000		126
大　足　区	4 537		4 069
渝　北　区			
巴　南　区	2 636	12	2 206
黔　江　区	1 819		142
长　寿　区	32 013		4 990
江　津　区	86 730		6 100
合　川　区	60 306		6 950
永　川　区	317 440	48	10 012
南　川　区	3 862		425
璧　山　区	2 200	68	825
铜　梁　区	21 246	655	3 485
潼　南　区	145 654		8 198
荣　昌　区	105 639	2	2 485
开　州　区			6 400
梁　平　区			6 094
武　隆　区	4 033		643
城　口　县	30		19
丰　都　县	23		49
垫　江　县	3 317		1 428
忠　　　县	4 500	25	1 200
云　阳　县	20 500		1 360
奉　节　县	938		677
巫　山　县	1 080		31
巫　溪　县	6		5
石　柱　县	350		250
秀　山　县	7 600		410
酉　阳　县	5 000		130
彭　水　县	631		23
万　盛　区	463	10	360
高　新　区			

全市各区县水产苗种数量（二）

地　　区	投放鱼种（吨）	稚鳖（千只）	稚龟（千只）	虾类育苗（万尾）
全市总计	107 725	605	19	46 490.56
万　州　区	4 610			
涪　陵　区	1 600	10		
大渡口区	52			
江　北　区				
沙坪坝区	910			
九龙坡区	560			
南　岸　区	336			
北　碚　区	1 060	75	5	
綦　江　区	2 367			
大　足　区	4 328			12 830.00
渝　北　区	2 469			
巴　南　区	4 076	10		117.00
黔　江　区	938			1.00
长　寿　区	7 390	7		
江　津　区	10 005	16	2	5 860.00
合　川　区	8 865	165		
永　川　区	9 485	6		372.00
南　川　区	3 189			
璧　山　区	1 980	21		
铜　梁　区	7 672	24		
潼　南　区	7 585	138		26 810.50
荣　昌　区	2 320			
开　州　区	6 699	35		
梁　平　区	6 782			
武　隆　区	1 179	12		
城　口　县	19			
丰　都　县	1 062			
垫　江　县	2 803			
忠　　　县	1 700	26	12	
云　阳　县	2 700	5		
奉　节　县	677			0.06
巫　山　县	128			
巫　溪　县	132			
石　柱　县	516			
秀　山　县	530	55		
酉　阳　县	257			500.00
彭　水　县	90			
万　盛　区	339			
高　新　区	315			

第六部分

水产品加工

全市各区县水产品加工企业、冷库基本情况（一）

地　　区	水产品加工企业		
	企业数（个）	加工能力（吨/年）	规模以上加工企业（个）
全 市 总 计	13	4 055	4
万 州 区	1	350	1
涪 陵 区			
大 渡 口 区			
江 北 区			
沙 坪 坝 区			
九 龙 坡 区			
南 岸 区			
北 碚 区			
綦 江 区			
大 足 区			
渝 北 区			
巴 南 区			
黔 江 区			
长 寿 区	1	15	
江 津 区			
合 川 区			
永 川 区			
南 川 区			
璧 山 区			
铜 梁 区			
潼 南 区			
荣 昌 区			
开 州 区	2	300	
梁 平 区	1	500	
武 隆 区	1	2 000	1
城 口 县			
丰 都 县			
垫 江 县			
忠 　 县	4	600	1
云 阳 县	2	280	1
奉 节 县			
巫 山 县			
巫 溪 县			
石 柱 县			
秀 山 县	1	10	
酉 阳 县			
彭 水 县			
万 盛 区			
高 新 区			

全市各区县水产品加工企业、冷库基本情况（二）

地 区	水产品冷库			
	冷库数（座）	冻结能力（吨/日）	冷藏能力（吨/次）	制冰能力（吨/日）
全市总计	19	12 902	5 217	88
万 州 区	1	20	30	10
涪 陵 区				
大 渡 口 区				
江 北 区		12 000	5 000	20
沙 坪 坝 区				
九 龙 坡 区				
南 岸 区				
北 碚 区				
綦 江 区				
大 足 区				
渝 北 区				
巴 南 区				
黔 江 区				
长 寿 区				
江 津 区				
合 川 区				
永 川 区				
南 川 区				
璧 山 区				
铜 梁 区				
潼 南 区				
荣 昌 区				
开 州 区	7	750		
梁 平 区	1	25	25	25
武 隆 区	3	7	12	15
城 口 县				
丰 都 县				
垫 江 县				
忠 县				1
云 阳 县				
奉 节 县				
巫 山 县				
巫 溪 县				
石 柱 县				
秀 山 县	7	100	150	17
酉 阳 县				
彭 水 县				
万 盛 区				
高 新 区				

全市各区县水产加工品产量（一）

地　　区	水产加工品产量	1. 水产冷冻品	冷冻品	冷冻加工品
全 市 总 计	1 249	438	360	78
万 州 区	350			
涪 陵 区				
大 渡 口 区				
江 北 区				
沙 坪 坝 区				
九 龙 坡 区				
南 岸 区				
北 碚 区				
綦 江 区				
大 足 区				
渝 北 区				
巴 南 区				
黔 江 区				
长 寿 区	8			
江 津 区				
合 川 区				
永 川 区				
南 川 区				
璧 山 区				
铜 梁 区				
潼 南 区				
荣 昌 区				
开 州 区	48	48		48
梁 平 区	100	100	100	
武 隆 区	178			
城 口 县				
丰 都 县				
垫 江 县				
忠 　 县	300	290	260	30
云 阳 县	255			
奉 节 县				
巫 山 县				
巫 溪 县				
石 柱 县				
秀 山 县	10			
酉 阳 县				
彭 水 县				
万 盛 区				
高 新 区				

全市各区县水产加工品产量（二）

单位：吨

地　　区	2. 鱼糜制品及干腌制品	鱼糜制品	干制品	3. 其他水产加工品
全市总计	551	5	546	260
万　州　区	350		350	
涪　陵　区				
大渡口区				
江　北　区				
沙坪坝区				
九龙坡区				
南　岸　区				
北　碚　区				
綦　江　区				
大　足　区				
渝　北　区				
巴　南　区				
黔　江　区				
长　寿　区	8	5	3	
江　津　区				
合　川　区				
永　川　区				
南　川　区				
璧　山　区				
铜　梁　区				
潼　南　区				
荣　昌　区				
开　州　区				
梁　平　区				
武　隆　区	178		178	
城　口　县				
丰　都　县				
垫　江　县				
忠　　　县	10		10	
云　阳　县	5		5	250
奉　节　县				
巫　山　县				
巫　溪　县				
石　柱　县				
秀　山　县				10
酉　阳　县				
彭　水　县				
万　盛　区				
高　新　区				

全市各区县水产加工品产量（三）

单位：吨

地　区	用于加工的水产品产量	其　中	
		克氏原螯虾	罗非鱼
全市总计	1 735	35	40
万　州　区	350		
涪　陵　区			
大渡口区			
江　北　区			
沙坪坝区			
九龙坡区			
南　岸　区			
北　碚　区			
綦　江　区			
大　足　区			
渝　北　区			
巴　南　区			
黔　江　区			
长　寿　区	65		
江　津　区			
合　川　区			
永　川　区			
南　川　区			
璧　山　区			
铜　梁　区			
潼　南　区			
荣　昌　区			
开　州　区	77		
梁　平　区			
武　隆　区	538		
城　口　县			
丰　都　县			
垫　江　县			
忠　　　县	440	20	
云　阳　县	255	15	40
奉　节　县			
巫　山　县			
巫　溪　县			
石　柱　县			
秀　山　县	10		
酉　阳　县			
彭　水　县			
万　盛　区			
高　新　区			

第七部分

渔船年末拥有量

全市各区县渔船年末拥有量

地　　区	渔业船舶合计			机动渔船			非机动渔船	
	艘	总吨	千瓦	艘	总吨	千瓦	艘	总吨
全 市 总 计	347	2 557	10 835	206	1 463	10 835	141	1 094
万 州 区	34	195	806	34	195	806		
涪 陵 区								
大 渡 口 区	1	9	110	1	9	110		
江 北 区	2	23	349	2	23	349		
沙 坪 坝 区	1	17	254	1	17	254		
九 龙 坡 区								
南 岸 区								
北 碚 区	2	6	162	2	6	162		
綦 江 区								
大 足 区								
渝 北 区								
巴 南 区	3	47	835	3	47	835		
黔 江 区	4	27	533	4	27	533		
长 寿 区	230	1 696	1 172	89	602	1 172	141	1 094
江 津 区	2	42	524	2	42	524		
合 川 区								
永 川 区								
南 川 区								
璧 山 区								
铜 梁 区								
潼 南 区	11	22	571	11	22	571		
荣 昌 区								
开 州 区								
梁 平 区								
武 隆 区								
城 口 县								
丰 都 县	4	25	259	4	25	259		
垫 江 县								
忠 　 县	1	50	306	1	50	306		
云 阳 县	33	230	1 941	33	230	1 941		
奉 节 县	2	13	193	2	13	193		
巫 山 县	8	91	1 716	8	91	1 716		
巫 溪 县								
石 柱 县								
秀 山 县	1	8	105	1	8	105		
酉 阳 县	6	40	756	6	40	756		
彭 水 县	2	16	243	2	16	243		
万 盛 区								
高 新 区								

全市各区县生产渔船、辅助渔船年末拥有量

地 区	生产渔船			辅助渔船（执法渔船）		
	艘	总吨	千瓦	艘	总吨	千瓦
全市总计	92	562	940	114	901	9 895
万 州 区	6	31	74	28	164	732
涪 陵 区						
大 渡 口 区				1	9	110
江 北 区				2	23	349
沙 坪 坝 区				1	17	254
九 龙 坡 区						
南 岸 区						
北 碚 区				2	6	162
綦 江 区						
大 足 区						
渝 北 区						
巴 南 区				3	47	835
黔 江 区				4	27	533
长 寿 区	86	531	866	3	71	306
江 津 区				2	42	524
合 川 区						
永 川 区						
南 川 区						
璧 山 区						
铜 梁 区						
潼 南 区				11	22	571
荣 昌 区						
开 州 区						
梁 平 区						
武 隆 区						
城 口 县						
丰 都 县				4	25	259
垫 江 县						
忠 县				1	50	306
云 阳 县				33	230	1 941
奉 节 县				2	13	193
巫 山 县				8	91	1 716
巫 溪 县						
石 柱 县						
秀 山 县				1	8	105
酉 阳 县				6	40	756
彭 水 县				2	16	243
万 盛 区						
高 新 区						

全市各区县机动渔船年末拥有量（按船长分）

地　　区	24米（含）以上			12（含）～24米			12米以下		
	艘	总吨	千瓦	艘	总吨	千瓦	艘	总吨	千瓦
全市总计	3	180	1 595	81	903	5 287	122	380	3 953
万 州 区				22	160	732	12	35	74
涪 陵 区									
大 渡 口 区							1	9	110
江 北 区				2	23	349			
沙 坪 坝 区				1	17	254			
九 龙 坡 区									
南 岸 区									
北 碚 区							2	6	162
綦 江 区									
大 足 区									
渝 北 区									
巴 南 区				3	47	835			
黔 江 区							4	27	533
长 寿 区				23	436	731	66	166	441
江 津 区				2	42	524			
合 川 区									
永 川 区									
南 川 区									
璧 山 区									
铜 梁 区									
潼 南 区				1	5	135	10	17	436
荣 昌 区									
开 州 区									
梁 平 区									
武 隆 区									
城 口 县									
丰 都 县				1	14	190	3	11	69
垫 江 县									
忠 县	1	50	306						
云 阳 县	1	80	480	21	114	514	11	36	947
奉 节 县							2	13	193
巫 山 县	1	50	809	3	26	760	4	15	147
巫 溪 县									
石 柱 县									
秀 山 县				1	8	105			
酉 阳 县							6	40	756
彭 水 县				1	11	158	1	5	85
万 盛 区									
高 新 区									

第八部分

渔业人口与从业人员

全市各区县渔业人口与从业人员（一）

地　　区	渔业村（个）	渔业户（户）	渔业人口（人）	传统渔民（人）	渔业从业人员（人）
全市总计	5	86 370	356 019	280	305 884
万　州　区		6 520	21 570		32 936
涪　陵　区		2 700	9 000		7 580
大渡口区		120	370		344
江　北　区					74
沙坪坝区		558	1 796		847
九龙坡区		760	2 463		3 778
南　岸　区		216			506
北　碚　区		1 635	2 022		3 893
綦　江　区		609	2 445		1 982
大　足　区		5 471	21 055		12 920
渝　北　区		239	564		654
巴　南　区		3 019	7 980		5 695
黔　江　区		1 497	5 610		9 812
长　寿　区		1 470	8 417		4 108
江　津　区		15 341	73 044		61 772
合　川　区		1 422	26 103		9 120
永　川　区		5 531	28 142		14 985
南　川　区		8 765	26 086		19 805
璧　山　区		1 906	5 821		4 514
铜　梁　区		452	10 800		15 067
潼　南　区		8 619	32 863		27 427
荣　昌　区		2 466	8 111		2 700
开　州　区		3 503	15 533		15 165
梁　平　区	5	985	2 781	280	2 539
武　隆　区		1 686	5 130		4 965
城　口　县		109	376		197
丰　都　县		1 374	4 376		3 723
垫　江　县		1 936	6 798		11 584
忠　　　县		864	4 008		3 260
云　阳　县		1 840	6 100		10 660
奉　节　县		1 520	5 127		5 127
巫　山　县		247	691		691
巫　溪　县		135	389		430
石　柱　县		1 930	5 210		2 175
秀　山　县		480	2 540		1 855
酉　阳　县		380	1 148		887
彭　水　县		65	295		793
万　盛　区			975		528
高　新　区			280		786

全市各区县渔业人口与从业人员（二）

单位：人

地　区	专业从业人员	其中：女性	按专业类别分	
			养殖	其他
全市总计	140 216	45 622	127 117	13 099
万　州　区	8 606	2 590	5 586	3 020
涪　陵　区	1 980	380	1 570	410
大 渡 口 区	117	117	105	12
江　北　区	4		4	
沙 坪 坝 区	302	124	295	7
九 龙 坡 区	998	190	998	
南　岸　区				
北　碚　区	2 008	1 026	1 712	296
綦　江　区	846	188	690	156
大　足　区	4 658	1 155	4 658	
渝　北　区	133	34	126	7
巴　南　区	2 948	358	2 921	27
黔　江　区	2 231	79	1 871	360
长　寿　区	1 617	174	1 574	43
江　津　区	42 504	19 764	42 504	
合　川　区	1 743	404	1 743	
永　川　区	6 507	4 927	6 454	53
南　川　区	7 926	3 572	7 158	768
璧　山　区	1 693	587	1 499	194
铜　梁　区	5 994	1 364	5 368	626
潼　南　区	16 562	3 291	16 562	
荣　昌　区	1 000	305	1 000	
开　州　区	5 445	118	3 760	1 685
梁　平　区	1 044	379	545	499
武　隆　区	1 389	72	1 296	93
城　口　县	110		80	30
丰　都　县	1 660	408	1 167	493
垫　江　县	5 887		3 433	2 454
忠　　　县	2 264	609	2 011	253
云　阳　县	5 560	2 500	4 910	650
奉　节　县	3 163	513	3 163	
巫　山　县	128	21	100	28
巫　溪　县	183	37	172	11
石　柱　县	375	145	179	196
秀　山　县	1 620	75	1 050	570
酉　阳　县	233	35	149	84
彭　水　县	158		158	
万　盛　区	400	51	346	54
高　新　区	220	30	200	20

全市各区县渔业人口与从业人员（三）

单位：人

地　区	兼业从业人员	其中：女性	临时从业人员	其中：女性
全市总计	117 946	31 140	47 722	10 913
万 州 区	19 720	3 605	4 610	892
涪 陵 区	4 200	1 370	1 400	287
大渡口区	150		77	
江 北 区			70	
沙坪坝区	334	81	211	36
九龙坡区	1 780	1 150	1 000	640
南 岸 区	506	344		
北 碚 区	1 885	940		
綦 江 区	687	208	449	93
大 足 区	6 580	2 024	1 682	815
渝 北 区	317	131	204	37
巴 南 区	2 069	543	678	142
黔 江 区	3 928	79	3 653	18
长 寿 区	1 574	309	917	84
江 津 区	12 863	4 650	6 405	2 010
合 川 区	6 455	2 208	922	233
永 川 区	7 341	1 739	1 137	218
南 川 区	9 685	1 532	2 194	637
璧 山 区	2 418	547	403	53
铜 梁 区	4 739	976	4 334	669
潼 南 区	8 947	3 785	1 918	700
荣 昌 区	1 602	131	98	8
开 州 区	7 120	1 174	2 600	346
梁 平 区	649	242	846	456
武 隆 区	1 464	171	2 112	45
城 口 县	66	12	21	5
丰 都 县	1 586	334	477	87
垫 江 县	2 844	1 537	2 853	1 022
忠　　县	501	142	495	142
云 阳 县	2 450	375	2 650	355
奉 节 县	1 449	150	515	138
巫 山 县	235	55	328	49
巫 溪 县	149	53	98	20
石 柱 县	521	284	1 279	351
秀 山 县	160		75	15
酉 阳 县	242	43	412	81
彭 水 县	385	140	250	98
万 盛 区	79	21	49	11
高 新 区	266	55	300	120

第九部分

渔业经济总产值和增加值

全市各区县渔业经济总产值（按当年价格计算）（一）

单位：万元

地　　区	渔业经济总产值	渔业	淡水养殖	水产苗种
全市总计	2 249 773.69	1 495 880.26	1 369 937	125 943.26
万　州　区	107 198.00	70 548.00	61 688	8 860.00
涪　陵　区	94 596.00	60 796.00	57 296	3 500.00
大 渡 口 区	666.00	467.00	467	
江　北　区	44 089.00	552.00	552	
沙 坪 坝 区	29 864.00	9 101.00	9 101	
九 龙 坡 区	12 321.00	7 786.00	7 786	
南　岸　区	4 531.00	2 378.00	2 378	
北　碚　区	11 146.00	8 701.00	7 651	1 050.00
綦　江　区	38 468.12	23 552.00	23 502	50.00
大　足　区	100 787.43	84 256.77	68 632	15 624.77
渝　北　区	29 151.56	18 061.00	18 061	
巴　南　区	99 012.00	58 701.00	56 007	2 694.00
黔　江　区	17 798.25	9 539.00	9 286	253.00
长　寿　区	162 505.60	115 375.80	106 942	8 433.80
江　津　区	99 160.00	78 479.00	67 529	10 950.00
合　川　区	169 404.00	132 442.00	129 495	2 947.00
永　川　区	239 290.00	117 170.00	100 223	16 947.00
南　川　区	34 402.31	29 419.53	28 917	502.53
璧　山　区	39 646.00	31 107.00	30 109	998.00
铜　梁　区	133 079.44	103 188.44	98 994	4 194.44
潼　南　区	122 557.00	82 529.50	80 489	2 040.50
荣　昌　区	34 475.00	32 193.00	28 473	3 720.00
开　州　区	150 267.00	99 073.00	90 481	8 592.00
梁　平　区	142 549.00	69 049.00	47 494	21 555.00
武　隆　区	18 439.00	14 888.00	14 888	
城　口　县	2 808.00	2 230.00	2 230	
丰　都　县	41 307.43	36 463.25	36 358	105.25
垫　江　县	53 599.79	43 432.47	40 014	3 418.47
忠　　　县	80 869.00	47 799.00	43 799	4 000.00
云　阳　县	44 173.00	35 820.00	33 000	2 820.00
奉　节　县	8 950.70	8 589.00	8 584	5.00
巫　山　县	3 450.75	2 849.00	2 744	105.00
巫　溪　县	4 856.31	3 155.50	3 134	21.50
石　柱　县	23 245.00	20 665.00	19 815	850.00
秀　山　县	27 384.00	16 934.00	15 754	1 180.00
酉　阳　县	8 366.00	7 916.00	7 551	365.00
彭　水　县	3 409.00	2 281.00	2 120	161.00
万　盛　区	5 022.00	3 483.00	3 483	
高　新　区	6 930.00	4 910.00	4 910	

全市各区县渔业经济总产值（按当年价格计算）（二）

单位：万元

地　区	渔业工业和建筑业	水产品加工	渔用机具制造	渔船渔机制造	渔用绳网制造
全市总计	137 794.96	10 904	2 624	91	619
万 州 区	2 500.00	2 500			
涪 陵 区	1 800.00				
大 渡 口 区					
江 北 区					
沙 坪 坝 区					
九 龙 坡 区					
南 岸 区					
北 碚 区					
綦 江 区					
大 足 区	566.93				
渝 北 区					
巴 南 区	5 995.00				
黔 江 区	929.23				
长 寿 区	12 132.00	108	2 374		460
江 津 区					
合 川 区	10 644.00				
永 川 区	61 095.00		243	91	152
南 川 区					
璧 山 区	1 608.00				
铜 梁 区	2 338.80		7		7
潼 南 区					
荣 昌 区	895.00				
开 州 区	9 993.00	3 178			
梁 平 区	22 000.00				
武 隆 区	1 048.00	1 048			
城 口 县					
丰 都 县					
垫 江 县					
忠 　 县	1 350.00	1 170			
云 阳 县	1 600.00	1 600			
奉 节 县					
巫 山 县					
巫 溪 县					
石 柱 县					
秀 山 县	1 300.00	1 300			
酉 阳 县					
彭 水 县					
万 盛 区					
高 新 区					

全市各区县渔业经济总产值（按当年价格计算）（三）

单位：万元

地　　区	渔业工业和建筑业（续）		
	渔用饲料	渔用药物	建筑业
全市总计	102 304	1 060	20 902.96
万 州 区			
涪 陵 区			1 800.00
大渡口区			
江 北 区			
沙坪坝区			
九龙坡区			
南 岸 区			
北 碚 区			
綦 江 区			
大 足 区			566.93
渝 北 区			
巴 南 区	3 745		2 250.00
黔 江 区			929.23
长 寿 区	9 000	650	
江 津 区			
合 川 区	10 644		
永 川 区	57 993	33	2 826.00
南 川 区			
璧 山 区	1 011	48	549.00
铜 梁 区	1 379	196	756.80
潼 南 区			
荣 昌 区	857	13	25.00
开 州 区			6 815.00
梁 平 区	17 675		4 325.00
武 隆 区			
城 口 县			
丰 都 县			
垫 江 县			
忠 　 县		120	60.00
云 阳 县			
奉 节 县			
巫 山 县			
巫 溪 县			
石 柱 县			
秀 山 县			
酉 阳 县			
彭 水 县			
万 盛 区			
高 新 区			

全市各区县渔业经济总产值（按当年价格计算）（四）

单位：万元

地　　区	渔业流通和服务业	水产流通	水产（仓储）运输	休闲渔业	其他
全市总计	616 098.47	326 421.31	51 851.80	233 567.58	4 257.78
万 州 区	34 150.00	23 940.00		10 210.00	
涪 陵 区	32 000.00	28 000.00	1 849.00	2 151.00	
大渡口区	199.00	49.00		150.00	
江 北 区	43 537.00	41 825.00		1 712.00	
沙坪坝区	20 763.00	13 928.00	1 900.00	4 935.00	
九龙坡区	4 535.00	1 210.00		3 325.00	
南 岸 区	2 153.00			2 153.00	
北 碚 区	2 445.00	261.00	102.00	2 042.00	40.00
綦 江 区	14 916.12	3 001.97	7 534.92	4 379.23	
大 足 区	15 963.73	13 301.73	652.00	2 010.00	
渝 北 区	11 090.56	565.56		10 440.00	85.00
巴 南 区	34 316.00	18 466.00	1 833.00	13 637.00	380.00
黔 江 区	7 330.02	4 734.17		2 595.85	
长 寿 区	34 997.80	12 094.00	6 236.80	16 667.00	
江 津 区	20 681.00	3 881.00	3 446.00	13 219.00	135.00
合 川 区	26 318.00	17 127.67	2 221.40	6 549.17	419.76
永 川 区	61 025.00	27 210.00	6 890.00	26 925.00	
南 川 区	4 982.78	1 440.36	289.42	3 253.00	
璧 山 区	6 931.00	4 285.00	863.00	1 763.00	20.00
铜 梁 区	27 552.20	6 250.20	7 285.00	14 017.00	
潼 南 区	40 027.50	7 671.50	1 696.00	28 859.00	1 801.00
荣 昌 区	1 387.00	130.00		1 257.00	
开 州 区	41 201.00	32 587.00	1 060.00	7 554.00	
梁 平 区	51 500.00	32 826.00	3 502.00	15 172.00	
武 隆 区	2 503.00	1 977.00		526.00	
城 口 县	578.00	141.00		437.00	
丰 都 县	4 844.18	2 819.16	36.50	1 988.52	
垫 江 县	10 167.32	8 457.00	308.00	1 290.00	112.32
忠　　县	31 720.00	7 800.00	2 100.00	21 820.00	
云 阳 县	6 753.00	5 750.00		1 003.00	
奉 节 县	361.70	10.00	6.00	271.00	74.70
巫 山 县	601.75	120.75	55.00	426.00	
巫 溪 县	1 700.81	1 123.24	101.76	475.81	
石 柱 县	2 580.00	930.00	420.00	40.00	1 190.00
秀 山 县	9 150.00	1 600.00	1 350.00	6 200.00	
酉 阳 县	450.00	180.00		270.00	
彭 水 县	1 128.00	650.00	94.00	384.00	
万 盛 区	1 539.00	78.00	20.00	1 441.00	
高 新 区	2 020.00			2 020.00	

第十部分

渔 业 灾 情

全市各区县渔业灾害造成的数量损失（一）

地　　区	受灾养殖面积（公顷）	台风、洪涝	病害	干旱	污染	其他
全 市 总 计	4 987.26	1 094.33	116.13	3 774.33	1.60	0.87
万 州 区	160.00			160.00		
涪 陵 区	93.66			93.66		
大 渡 口 区						
江 北 区						
沙 坪 坝 区	2.00	1.00	1.00			
九 龙 坡 区						
南 岸 区						
北 碚 区	44.18			44.18		
綦 江 区	103.39	25.18		77.54		0.67
大 足 区	24.64	3.07		21.57		
渝 北 区	10.65			10.65		
巴 南 区	15.22	4.22	11.00			
黔 江 区	199.05			197.55	1.50	
长 寿 区	218.92	2.50		216.42		
江 津 区	1 088.00	320.00		768.00		
合 川 区	343.02			343.02		
永 川 区	1 393.90	686.25	75.73	631.92		
南 川 区						
璧 山 区	75.57	21.92		53.65		
铜 梁 区	201.53	17.19	0.20	184.14		
潼 南 区	19.33			19.33		
荣 昌 区	356.72		5.30	351.22		0.20
开 州 区	98.00		5.20	92.80		
梁 平 区	12.25			12.25		
武 隆 区	57.90			57.90		
城 口 县						
丰 都 县	137.21			137.11	0.10	
垫 江 县	168.93		13.00	155.93		
忠 　 县	60.00	10.00		50.00		
云 阳 县	22.00			22.00		
奉 节 县	12.95		4.70	8.25		
巫 山 县						
巫 溪 县	0.20			0.20		
石 柱 县	19.00			19.00		
秀 山 县	5.00			5.00		
酉 阳 县	35.58	3.00		32.58		
彭 水 县	3.46			3.46		
万 盛 区	5.00			5.00		
高 新 区						

全市各区县渔业灾害造成的数量损失（二）

地　　区	水产品总量损失（吨）	台风、洪涝	病害	干旱	污染	其他
全 市 总 计	4 907	1 037	311.56	3 550.03		9
万 州 区	180			180.00		
涪 陵 区	169			169.43		
大 渡 口 区						
江 北 区						
沙 坪 坝 区	4	1	3.00			
九 龙 坡 区						
南 岸 区						
北 碚 区	39			39.20		
綦 江 区	71	27		38.76		5
大 足 区	50	3		47.55		
渝 北 区	12			12.10		
巴 南 区	18	2	16.00			
黔 江 区	294			294.23		
长 寿 区	568	15	28.00	525.28		
江 津 区	227	92		135.00		
合 川 区	201			200.79		
永 川 区	1 157	782	147.41	227.98		
南 川 区						
璧 山 区	34	6		28.28		
铜 梁 区	410	34	0.10	375.65		
潼 南 区	73			73.00		
荣 昌 区	477		14.00	458.85		4
开 州 区	53		5.85	47.02		
梁 平 区	28			28.36		
武 隆 区	123			122.80		
城 口 县						
丰 都 县	153			153.13		
垫 江 县	302	3	72.20	226.62		
忠 　 县	70	70				
云 阳 县	21			20.50		
奉 节 县	25		25.00			
巫 山 县						
巫 溪 县	2			1.90		
石 柱 县	105			105.00		
秀 山 县	6			6.00		
酉 阳 县	25	2		23.20		
彭 水 县	2			2.40		
万 盛 区	7			7.00		
高 新 区						

全市各区县渔业灾害造成的数量损失（三）

地　　区	损毁渔业设施			
	池塘（公顷）	堤坝（米）	泵站（座）	护岸（米）
全 市 总 计	399.37	12 601.01	1	500
万 州 区				
涪 陵 区				
大 渡 口 区				
江 北 区				
沙 坪 坝 区				
九 龙 坡 区				
南 岸 区				
北 碚 区				
綦 江 区	5.20	50.00	1	
大 足 区				
渝 北 区				
巴 南 区				
黔 江 区				
长 寿 区		300.00		
江 津 区		12 000.00		
合 川 区				
永 川 区	386.67	151.00		
南 川 区				
璧 山 区				500
铜 梁 区	0.20	100.00		
潼 南 区				
荣 昌 区				
开 州 区				
梁 平 区				
武 隆 区				
城 口 县				
丰 都 县				
垫 江 县		0.01		
忠 县				
云 阳 县				
奉 节 县	7.30			
巫 山 县				
巫 溪 县				
石 柱 县				
秀 山 县				
西 阳 县				
彭 水 县				
万 盛 区				
高 新 区				

全市各区县渔业灾害造成的经济损失（一）

单位：万元

地　　区	水产品总量损失					
	合计	台风、洪涝	病害	干旱	污染	其他
全市总计	8 361	1 430	493.37	6 400.27		38
万　州　区	300			300.00		
涪　陵　区	221			221.05		
大渡口区						
江　北　区						
沙坪坝区						
九龙坡区						
南　岸　区						
北　碚　区	92			92.49		
綦　江　区	228	52		142.59		34
大　足　区	170	4		165.75		
渝　北　区	40			39.72		
巴　南　区	40	9	30.60			
黔　江　区	426			425.80		
长　寿　区	884	55		829.20		
江　津　区	277	90		187.00		
合　川　区	418			417.51		
永　川　区	1 894	1 064	281.09	548.36		
南　川　区						
璧　山　区	87	56		31.23		
铜　梁　区	546	55		491.55		
潼　南　区	74			74.00		
荣　昌　区	577		15.00	557.85		4
开　州　区	111		9.36	101.23		
梁　平　区	59			58.95		
武　隆　区	612			612.00		
城　口　县						
丰　都　县	360			359.72		
垫　江　县	290	4	77.32	207.92		
忠　　　县	150	30		120.00		
云　阳　县	48			48.00		
奉　节　县	85		80.00	5.00		
巫　山　县						
巫　溪　县	11			10.50		
石　柱　县	207			207.00		
秀　山　县	12			12.00		
酉　阳　县	115	10		105.20		
彭　水　县	15			14.65		
万　盛　区	14			14.00		
高　新　区						

全市各区县渔业灾害造成的经济损失（二）

单位：万元

地 区	损毁渔业设施				
	合计	池塘	堤坝	泵站	护岸
全市总计	267.71	0.1	163.51	0.2	15
万 州 区					
涪 陵 区					
大 渡 口 区					
江 北 区					
沙 坪 坝 区					
九 龙 坡 区					
南 岸 区					
北 碚 区					
綦 江 区	11.80		0.50	0.2	
大 足 区	0.01		0.01		
渝 北 区					
巴 南 区	9.80				
黔 江 区					
长 寿 区	11.00		11.00		
江 津 区	51.00		51.00		
合 川 区					
永 川 区	155.00		101.00		
南 川 区					
璧 山 区	25.00				15
铜 梁 区	0.10	0.1			
潼 南 区					
荣 昌 区					
开 州 区					
梁 平 区					
武 隆 区					
城 口 县					
丰 都 县					
垫 江 县					
忠 县					
云 阳 县					
奉 节 县					
巫 山 县					
巫 溪 县	1.00				
石 柱 县	3.00				
秀 山 县					
酉 阳 县					
彭 水 县					
万 盛 区					
高 新 区					

全市各区县渔业灾害造成的经济损失（三）

单位：万元

地　区	损毁渔业设施				直接经济损失合计
	防波堤	工厂化养殖	苗种繁育场	其他	
全市总计				88.9	8 629
万 州 区					300
涪 陵 区					221
大渡口区					
江 北 区					
沙坪坝区					
九龙坡区					
南 岸 区					
北 碚 区					92
綦 江 区				11.1	240
大 足 区					170
渝 北 区					40
巴 南 区				9.8	50
黔 江 区					426
长 寿 区					895
江 津 区					328
合 川 区					418
永 川 区				54.0	2 049
南 川 区					
璧 山 区				10.0	112
铜 梁 区					546
潼 南 区					74
荣 昌 区					577
开 州 区					111
梁 平 区					59
武 隆 区					612
城 口 县					
丰 都 县					360
垫 江 县					290
忠　　县					150
云 阳 县					48
奉 节 县					85
巫 山 县					
巫 溪 县				1.0	12
石 柱 县				3.0	210
秀 山 县					12
酉 阳 县					115
彭 水 县					15
万 盛 区					14
高 新 区					

第十一部分

渔业专用塘及池塘养殖大户

全市各区县渔业专用塘情况

地　　区	渔业专用塘			池塘养殖大户	
	面积 （亩）	产量 （吨）	平均单产 （千克/亩）	户数 （户）	面积 （亩）
全市总计	480 127	373 875.17	778.70	2 195	206 862.54
万　州　区	30 210	18 660.00	618.00	64	7 037.00
涪　陵　区	21 000	15 828.00		56	5 659.00
大 渡 口 区	210	170.00	810.00		
江　北　区	210	147.00	700.00		
沙 坪 坝 区	2 460	2 506.00	1 018.00	10	730.00
九 龙 坡 区	5 858	2 219.00	378.80	10	840.00
南　岸　区					
北　碚　区	1 670	1 516.00	904.00	9	638.00
綦　江　区	13 791	10 371.00		39	2 513.00
大　足　区	32 196	19 989.15	620.86	162	12 618.68
渝　北　区	1 813	1 213.00	669.00	19	1 625.00
巴　南　区	15 214	13 535.00	889.64	65	5 483.00
黔　江　区	7 200	2 502.00	347.00	37	1 169.72
长　寿　区	24 570	30 240.00	1 230.00	162	13 085.38
江　津　区	24 500	21 097.00	861.00	178	15 036.00
合　川　区	37 462	32 025.00		223	26 026.00
永　川　区	50 120	40 048.00	799.00	208	17 085.00
南　川　区	8 675	6 784.00	784.00	25	3 029.00
璧　山　区	9 866	5 251.00	532.00	21	1 574.00
铜　梁　区	42 418	38 860.00	916.00	230	25 430.00
潼　南　区	36 995	22 858.00	650.00	230	26 154.26
荣　昌　区	21 435	8 017.00	37.40	57	3 813.30
开　州　区	9 737	9 737.00	1 000.00	75	7 427.00
梁　平　区	18 940	20 520.00		70	5 852.20
武　隆　区	3 170	3 230.00	1 019.00	10	1 240.00
城　口　县	230	125.00	543.47	1	30.00
丰　都　县	6 995	5 576.69		50	4 623.00
垫　江　县	13 477	12 770.00		72	6 500.00
忠　　　县	9 060	9 060.00	1 050.00	51	4 650.00
云　阳　县	13 105	6 657.00	508.00	23	1 865.00
奉　节　县	1 412	962.53		6	352.00
巫　山　县	905	488.40	539.67	4	395.00
巫　溪　县	1 061	650.40	613.00	5	680.00
石　柱　县	2 025	2 110.00	1 041.98	8	657.00
秀　山　县	6 080	4 500.00	0.74		1 550.00
酉　阳　县	1 252	734.00		5	313.00
彭　水　县	500	200.00	400.00	4	635.00
万　盛　区	2 055	1 378.00	670.50	6	547.00
高　新　区	2 250	1 340.00	563.00		

全市各区县池塘养殖大户情况（一）

地　　区	池塘养殖面积			
	50（含）～100 亩		100（含）～500 亩	
	户数（户）	面积（亩）	户数（户）	面积（亩）
全市总计	1 617	108 078.97	567	91 094.57
万 州 区	41	2 672.00	23	4 365.00
涪 陵 区	32	2 079.00	24	3 580.00
大 渡 口 区				
江 北 区				
沙 坪 坝 区	8	403.00	2	327.00
九 龙 坡 区	9	640.00	1	200.00
南 岸 区				
北 碚 区	7	435.00	2	203.00
綦 江 区	31	1 649.00	8	864.00
大 足 区	128	8 308.88	34	4 309.80
渝 北 区	17	1 215.00	2	410.00
巴 南 区	52	3 553.00	13	1 930.00
黔 江 区	32	756.95	5	412.77
长 寿 区	122	7 721.38	40	5 364.00
江 津 区	133	8 823.00	43	5 651.00
合 川 区	133	8 643.00	88	15 583.00
永 川 区	161	10 035.00	46	6 370.00
南 川 区	13	1 016.00	12	2 013.00
璧 山 区	17	1 069.00	4	505.00
铜 梁 区	162	12 150.00	68	13 280.00
潼 南 区	176	13 807.26	51	10 600.00
荣 昌 区	44	2 875.30	13	938.00
开 州 区	56	3 500.00	18	3 415.00
梁 平 区	56	3 638.20	14	2 214.00
武 隆 区	7	840.00	3	400.00
城 口 县	1	30.00		
丰 都 县	40	2 563.00	9	1 172.00
垫 江 县	62	3 741.00	9	1 259.00
忠 　 县	35	2 450.00	16	2 200.00
云 阳 县	17	960.00	6	905.00
奉 节 县	4	102.00	2	250.00
巫 山 县	2	175.00	2	220.00
巫 溪 县	3	280.00	2	400.00
石 柱 县	7	457.00	1	200.00
秀 山 县		900.00		650.00
酉 阳 县	5	313.00		
彭 水 县	1	80.00	3	555.00
万 盛 区	3	198.00	3	349.00
高 新 区				

全市各区县池塘养殖大户情况（二）

地　　区	池塘养殖面积（续）		稻田养殖面积	
	500 亩及以上		200 亩及以上	
	户数（户）	面积（亩）	户数（户）	面积（亩）
全市总计	11	7 689	100	36 911.00
万 州 区			2	950.00
涪 陵 区				
大 渡 口 区				
江 北 区				
沙 坪 坝 区				
九 龙 坡 区				
南 岸 区				
北 碚 区				
綦 江 区				
大 足 区			14	7 094.50
渝 北 区				
巴 南 区				
黔 江 区			1	202.50
长 寿 区			1	500.00
江 津 区	2	562		
合 川 区	2	1 800	10	4 302.00
永 川 区	1	680	13	5 920.00
南 川 区				
璧 山 区			1	230.00
铜 梁 区				
潼 南 区	3	1 747	24	5 669.00
荣 昌 区			16	4 810.00
开 州 区	1	512	1	274.00
梁 平 区			4	2 625.00
武 隆 区			2	600.00
城 口 县				
丰 都 县	1	888		
垫 江 县	1	1 500		
忠 县				800.00
云 阳 县			1	500.00
奉 节 县				
巫 山 县				
巫 溪 县				
石 柱 县				
秀 山 县			1	320.00
酉 阳 县			6	1 314.00
彭 水 县			3	800.00
万 盛 区				
高 新 区				

第十二部分

水产技术推广

全市水产技术推广机构经费情况（一）

单位：个

级　别	机构数量			机构性质			
				行政	事业单位		
	合计	专业站	综合站		全额拨款	差额拨款	自收自支
总计	776	20	756	1	774	1	
省级	1	1			1		
地（市）级							
县（市）级	38	19	19	1	36	1	
区域站							
乡（镇）级	737		737		737		

全市水产技术推广机构经费情况（二）

单位：万元

级　别	机构经费			
	合计	人员经费	公用经费	项目经费
总计	27 466.71	12 123.70	2 811.70	12 531.30
省级	4 346.40	927.90	99.20	3 319.30
地（市）级				
县（市）级	14 494.52	4 043.09	1 239.42	9 212.00
区域站				
乡（镇）级	8 625.79	7 152.71	1 473.08	

全市水产技术推广机构人员情况（一）

单位：人

级　别	编制人数	实有人数	实有人员情况						
			按性别分		按技术职称分				
			男	女	正高级	副高级	中级	初级	其他
总计	991	1 012	733	279	12	132	416	242	210
省级	38	35	23	12	4	11	8	1	11
地（市）级									
县（市）级	316	273	209	64	8	47	110	51	57
区域站									
乡（镇）级	637	704	501	203		74	298	190	142

全市水产技术推广机构人员情况（二）

单位：人

级　别	实有人员情况（续）									其中：专业技术人员	编外人员
	按文化程度分						按年龄结构分				
	博士	硕士	本科	大专	中专	其他	35岁及以下	36～49岁	50岁及以上		
总计	1	60	412	417	96	26	295	409	308	802	56
省级	1	12	15	7			2	14	19	24	20
地（市）级											
县（市）级		40	117	84	27	5	72	93	108	216	13
区域站											
乡（镇）级		8	280	326	69	21	221	302	181	562	23

全市水产技术推广机构能力条件情况（一）

| 级　别 | 试验示范基地 | | | | 办公用房（米²） | 培训教室 | |
| | 自有实验示范基地 | | 合作试验示范基地 | | | | |
	数量（个）	基地面积（公顷）	数量（个）	基地面积（公顷）		数量（个）	面积（米²）
总计	5	56	138	1 626.5	16 605.85	34	2 755
省级			37	461.5	2 102.25	1	80
地（市）级							
县（市）级	5	56	94	1 081.0	3 764.00	10	940
区域站							
乡（镇）级			7	84.0	10 739.60	23	1 735

全市水产技术推广机构能力条件情况（二）

| 级　别 | 实验室 | | | 信息平台 | | | |
	数量（个）	面积（米²）	设备原值（万元）	网站（个）	手机平台（个）	电话热线（条）	技术简报（种）
总计	61	8 626.68	2 888.82	10	234	1 405	106
省级	2	6 121.75	1 635.29	1	2	2	1
地（市）级							
县（市）级	39	2 414.93	1 228.53	3	50	801	67
区域站							
乡（镇）级	20	90.00	25.00	6	182	602	38

全市水产技术推广机构履职成效情况（一）

级　别	技术服务					
	示范关键技术（个）	检验检测（批次）	指导面积（公顷）	服务对象		
				指导农户（户）	指导企业（个）	指导合作组织（个）
总计	98	5 136	48 697.73	28 635	2 181	834
省级	4	1 358	2 000.00	450	36	36
地（市）级						
县（市）级	73	3 770	33 910.98	16 891	1 277	497
区域站				8		
乡（镇）级	21	8	12 786.75	11 286	868	301

全市水产技术推广机构履职成效情况（二）

级　别	渔民技术培训		推广人员继续教育		公共信息服务		
	期数（期）	人数（人次）	业务培训（人次）	学历教育（人次）	信息覆盖用户（用户）	发布公共信息（条）	发放技术资料（份）
总计	333	13 771	1 022	17	22 988	135 212	145 012
省级	10	500	230		2 600	2 000	16 000
地（市）级							
县（市）级	144	6 829	364	5	12 012	109 679	78 681
区域站							
乡（镇）级	179	6 442	428	12	8 376	23 533	50 331

全市水产技术推广机构技术成果情况（一）

单位：个

级　　别	技术成果数量	审定新品种	获奖情况			
			国家级	省部级	市厅级	县级
总计	1			5	3	3
省级	1			3		
地（市）级						
县（市）级				2	3	3
区域站						
乡（镇）级						

全市水产技术推广机构技术成果情况（二）

级　　别	获得专利 （项）	发表论文 （篇）	制定标准/规范 （个）	出版图书 （本）
总计	12	26	6	1
省级	2	16	1	1
地（市）级				
县（市）级	10	10	5	
区域站				
乡（镇）级				

全市水产技术推广机构技术成果登记情况

序号	项目名称	起止年限	任务来源	验收或评价单位	承担单位	完成人
1	池塘生态种养循环技术研发及应用成果评价	2020—2022年	国家大宗淡水鱼产业技术体系、生态渔技术体系、重大技术协同推广项目	中国水产学会、重庆市科学技术研究院	重庆市水产技术推广总站	王波

全市水产技术推广机构获奖情况

序号	获奖成果名称	奖项名称	颁发机构	获奖时间	奖项级别	获奖等次	获奖单位	奖项排名	完成人
1	基于干旱半干旱的池塘绿色养殖关键模式创新与示范推广	范蠡科学技术奖	中国水产学会	2022年10月26日	省部级	二等奖	重庆市水产技术推广总站		翟旭亮
2	大宗淡水鱼高效养殖模式攻略	范蠡科学技术奖	中国水产学会	2022年10月26日	省部级	科普作品奖	重庆市水产技术推广总站		李虹
3	2022年度全国最美渔技员	2022年度全国最美渔技员	全国水产技术推广总站	2022年8月24日	省部级		重庆市水产技术推广总站、石柱县农业农村委员会、城口县畜牧技术推广中心、黔江区农业技术服务中心		吴晓清、马世元、肖光华、熊太云
4	国家级水产健康养殖和生态养殖示范区	国家级水产健康养殖和生态养殖示范区	农业农村部	2022年12月29日	省部级		梁平区人民政府		
5	国家级水产健康养殖和生态养殖示范区	国家级水产健康养殖和生态养殖示范区	农业农村部	2022年12月29日	省部级		大足区人民政府		

第十三部分

附　　录

渔业统计指标解释

第一章　水产品产量

第1条　水产品特征及产量统计范围

水产品指渔业（捕捞和养殖）生产活动的最终有效成果，它具有以下特征：

（1）它是渔业生产活动的成果。水产品既是渔业生产的劳动对象，也是渔业生产的劳动成果，它包括全部海淡水鱼类、甲壳类（虾、蟹）、贝类、头足类、藻类和其他类渔业产品。

（2）它是渔业生产活动的最终成果。渔业生产过程中的中间成果，如鱼苗、鱼种、亲鱼、转塘鱼、存塘鱼和自用作饵料的产品，不是最终成果，不能统计在水产品产量中。

（3）它是渔业生产活动的最终有效成果。水产品在上岸前已经腐烂变质，不能供人食用或加工成其他制品的，不统计在水产品产量中。

第2条　产量统计年度和统计者

（1）年水产品产量按日历年度计算。即从每年1月1日至12月31日止已从养殖水域捕捞起水或者已从天然水域捕捞并已返航卸港的水产品均统计在年产量中，有的生产渔船在外地收港卸鱼或者在海上由收购船扒载收购的，也按到港计算产量。

（2）水产品产量统计中，养殖产量按照水域所在地统计，国内捕捞产量按照渔船所属地统计，远洋渔业产量按照远洋渔业管理办法进行统计。

第3条　产量计量标准

除海蜇按三矾后的成品计量、各种藻类按干品计量外，其余各种水产品均按捕捞起水时鲜品实重（原始重量）计量。此外，供观赏的水生动物按个体计算。

第4条　养殖产量与捕捞产量划分原则

凡人工养殖并已起水的水产品数量为养殖产量，凡捕捞天然生长的水产品数量为捕捞产量。

（1）凡是人工投放苗种（不包括灌江纳苗）并进行人工饲养管理的淡水养殖水

域中捕捞的水产品产量计算为淡水养殖产量，否则为淡水捕捞产量。

（2）凡是人工投放苗种或天然纳苗并进行人工饲养管理的海水养殖水域中捕捞的水产品产量计算为海水养殖产量，否则为海洋捕捞产量。

（3）稻田养殖起水的水产品，也计算为淡水养殖产量。

第 5 条　水产品分类

水产品分为海水产品和淡水产品两大类。

一、海水产品

海水产品包括海洋捕捞产品、海水养殖产品和远洋渔业产品。其中，海洋捕捞产品产量指国内海洋捕捞产品产量不包括远洋渔业产量。

1. 海洋捕捞产品：包括海洋捕捞鱼类、甲壳类（虾、蟹）、贝类、藻类、头足类和其他类。

（1）海洋捕捞鱼类：海鳗、鳓鱼、鳀鱼、沙丁鱼、鲱鱼、石斑鱼、鲷鱼、蓝圆鲹、白姑鱼、黄姑鱼、鮸鱼、大黄鱼、小黄鱼、梅童鱼、方头鱼、玉筋鱼、带鱼、金线鱼、梭鱼、鲐鱼、鲅鱼、金枪鱼、鲳鱼、马面鲀、竹筴鱼和鲻鱼等。

（2）海洋捕捞甲壳类：虾和蟹。虾包括毛虾、对虾、鹰爪虾、虾蛄等。蟹包括梭子蟹、青蟹和蟳等。

（3）海洋捕捞贝类：蛤、蛏、蚶和螺等。

（4）海洋捕捞藻类：江蓠、石花菜和紫菜等。

（5）海洋捕捞头足类：乌贼、鱿鱼和章鱼等。

（6）海洋捕捞其他类：海蜇等。

2. 海水养殖产品：包括海水养殖鱼类、甲壳类（虾、蟹）、贝类、藻类、其他类。

（1）海水养殖鱼类：鲈鱼、鲆鱼、大黄鱼、军曹鱼、鰤鱼、鲷鱼、美国红鱼、河鲀、石斑鱼和鲽鱼等。

（2）海水养殖甲壳类：虾和蟹。虾包括南美白对虾、斑节对虾、中国对虾和日本对虾等。蟹包括梭子蟹和青蟹等。

（3）海水养殖贝类：牡蛎、鲍、螺、蚶、贻贝、江珧、扇贝、蛤和蛏等。

（4）海水养殖藻类：海带、裙带菜、紫菜、江蓠、麒麟菜、石花菜、羊栖菜和苔菜等。

（5）海水养殖其他类：海参、海胆、海水珍珠和海蜇等。

3. 远洋渔业产品：见第 27 条。

二、淡水产品

淡水产品包括淡水养殖产品和淡水捕捞产品。

1. 淡水养殖产品：包括鱼类、甲壳类（虾、蟹）、贝类、藻类和其他类产品。

（1）淡水养殖鱼类：鲟鱼、鳗鲡、青鱼、草鱼、鲢鱼、鳙鱼、鲤鱼、鲫鱼、鳊鲂、泥鳅、鲇鱼、鲴鱼、黄颡鱼、鲑鱼、鳟鱼、河鲀、短盖巨脂鲤、长吻鮠、黄鳝、鳜鱼、鲈鱼、乌鳢和罗非鱼等。

（2）淡水养殖甲壳类：虾和河蟹，其中虾包括罗氏沼虾、青虾、克氏原螯虾和南美白对虾等。

（3）淡水养殖贝类：河蚌、螺、蚬等。

（4）淡水养殖藻类：即螺旋藻。

（5）淡水养殖其他类产品：龟、鳖、蛙和珍珠等。

（6）观赏鱼统计按"条"计量，其重量不计入淡水养殖总产量。

2. 淡水捕捞产品：包括鱼类、甲壳类（虾、蟹）、贝类、藻类和其他类。其他类中包括丰年虫等。

第6条　海洋捕捞产量（按海区、渔具分类）

1. 按捕捞海域分为渤海、黄海、东海和南海区产量。渤海、黄海、东海、南海区划分界线：

（1）渤海：东以辽宁老铁山西角经庙岛群岛至蓬莱角连线与黄海为界。

（2）黄海：南以长江口北角至韩国济州岛西南端连线与东海为界，东至朝鲜半岛与朝鲜海峡。

（3）东海：南以闽粤省界经东山岛南端至台湾省南端的鹅銮鼻灯塔连线与南海为界，东至对马海峡日本琉球群岛与我国台湾省。

（4）南海：东以巴士海峡、巴林塘海峡、菲律宾群岛与太平洋为界，南至加里曼丹，西临中南半岛及马来半岛。

2. 按捕捞渔具分为拖网、围网、刺网、张网、钓具和其他渔具产量。

（1）拖网：单拖和双拖。

（2）围网：单船围网、双船围网和多船围网。

（3）刺网：定置刺网、漂流刺网、包围刺网和拖曳刺网。

（4）张网：单桩、双桩、多桩、单锚、双锚、船张、樯张和并列张网。

（5）钓具：漂流延绳钓、定置延绳钓、曳绳钓和垂钓（如鱿钓）。

（6）其他渔具：地拉网、敷网、抄网、掩罩、陷阱、耙刺、笼壶等类型。

第 7 条　海水养殖产量（按养殖水域分类）

（1）海上养殖：在低潮位线以下从事海水养殖生产。

（2）滩涂养殖：在潮间带间从事海水养殖生产。

（3）其他养殖：在高潮位线以上从事海水养殖生产。

第 8 条　淡水养殖产量（按养殖水域分类）

按养殖水面类型不同，分为池塘、湖泊、水库、河沟、稻田及其他养殖方式。

第 9 条　部分养殖方式分类产量

（1）普通网箱：网箱一般由合成纤维如尼龙、聚氯乙烯等网线编织而成，装置在网箱架上。普通网箱面积均为数平方米到数十平方米。一般安置在港湾、沿岸、湖泊、水库和河沟等水域。

（2）深水网箱：深水网箱是一种大型海水网箱，主要有重力式聚乙烯网箱、浮绳式网箱和碟形网箱三种类型，具有抗风浪性能。网箱水体均为数百立方米到数千立方米。深水网箱一般安置在水深 20 米以下的海域。

（3）工厂化：工厂化养殖即按工艺过程的连续性和流水性的原则，通过机械或自动化设备，对养殖水体进行水质和水温的控制，保持最适宜于鱼类生长和发育的生态条件，使鱼类的繁殖、苗种培育、商品鱼的养殖等各个环节能相互衔接，形成一个独自的生产体系，以进行无季节性的连续生产，达到高效率、高速度的养殖目的。

第二章　水产养殖面积

第 10 条　水产养殖面积

水产养殖面积指在报告期内实际用于养殖水产品的水面面积，包括海水养殖面积和淡水养殖面积。在报告期内无论是否全部收获或尚未收获其产品，均应统计在养殖面积中。但有些水面不投放苗种或投放少量苗种，只进行一般管理的，不统计为养殖面积。养殖面积法定计量单位为公顷。

第 11 条　海水养殖面积

海水养殖面积指利用天然海水养殖水产品的水面面积，包括海上养殖、滩涂养殖、其他养殖。工厂化、深水网箱不计入养殖面积。

第 12 条　淡水养殖面积

淡水养殖面积指在淡水水域养殖水产品的水面面积，包括池塘、湖泊、水库、河沟和其他五部分。工厂化、稻田养殖不计入养殖总面积。

第 13 条 养殖面积核算

（1）海上、滩涂、池塘、湖泊、水库、河沟等方式养殖面积按照实际使用的水面计算，计量单位为公顷。

（2）普通网箱按照实际占用水面计算面积，计量单位为米^2。

（3）工厂化养殖：按照实际养殖水体的体积计算，计量单位为米^3。

（4）深水网箱：按照实际占用水的体积计算，计量单位为米^3。

（5）在江河、湖泊、水库投放苗种或灌江纳苗、增殖放流的水域不统计面积；湖泊、水库、河沟虽有专人管理，或有苗种投放，但人工养殖水产品起捕量不足 30％的水面也不统计为养殖面积（其产量列入捕捞产量）。

第三章 渔业经济总产值和增加值

第 14 条 渔业经济总产值和增加值

渔业经济总产值和增加值指以货币表现的核算期内渔业经济活动的总产出和总成果，包括了全社会渔业、渔业工业和建筑业、渔业流通和服务业。

第 15 条 渔业产值和增加值

渔业产值指以货币表现的核算期内捕捞和养殖水产品的总产出和总成果。具体包括人工养殖的水生动物和海藻的产值、天然水生动物和天然海藻采集的产值，即包括海洋捕捞、海水养殖、淡水捕捞、淡水养殖产品的产出。其计算方法：水产品产量分别乘以其产品的现行价格。

渔业增加值指以货币表现的核算期内全社会从事渔业捕捞和养殖生产活动所创造的最终产品的价值，其计算方法：渔业总产出扣除渔业中间投入。

渔业产值和增加值的数据取自同级统计部门。

第 16 条 渔业工业、建筑业产值和增加值

渔业工业、建筑业产值和增加值指以货币表现的核算期内全社会从事水产品加工业、渔用机具制造业、渔用饲料工业、渔用药物制造业、渔业建筑业等的产出和成果。

水产品加工业产值等于加工产品量乘以现行价格，其增加值采用食品加工业增加值率进行推算。

渔用机具制造业产值、增加值等于渔船渔机修造业、渔用绳网制造业和其他设备制造业的产值、增加值之和；其产值计算方法主要采用"工厂法"计算，增加值的计算方法采用统计部门"规模以上工业企业总产值表"中的相应指标增加值率进行推算。

渔用饲料工业产值主要采用"工厂法",增加值是渔用饲料工业现行总产出乘以"规模以上"饲料工业现价增加值率。

渔用药物制造业产值取同级相关部门统计年报表中的有关数据,其增加值等于渔用药物总产出乘以"规模以上"生物制药业现价增加值率。

渔业建筑业产值计算方法是从建筑产品所有方的建筑工程造价角度入手,依据投资完成额计算,其增加值采用建筑业增加值率来推算。

第 17 条　渔业流通和服务业产值和增加值

渔业流通和服务业包括渔业流通业,渔业(仓储)运输业,休闲渔业,渔业文化教育、科学技术和信息等产值和增加值。

渔业流通业产值以营业额来计算,其增加值等于渔业流通业产值乘以批发零售贸易业现价增加值率进行推算。

渔业(仓储)运输业产值即营业收入,其增加值计算方法与建筑业相同。

休闲渔业产值包括涉渔的一切旅游服务业产值,以营业额计算,其增加值用旅游业增加值率进行推算。

渔业文化教育、科学技术和信息等产值及其增加值根据财政部门《一般预算支出决算明细表》和有关资料进行推算。

第 18 条　计算总产值的价格

计算总产值的价格按当年价格计算。

当年价格就是当年出售产品时的实际价格。水产品当年价格以各地渔业生产单位初次出售的价格的平均价格为依据;工业产品以报告期内的产品出厂价格为当年价格。商业以零售价格为当年价格。

第四章　渔业船舶拥有量

第 19 条　渔业船舶

渔业船舶指从事渔业生产的船舶以及为渔业生产服务的船舶,按有无推进动力分为机动渔业船舶和非机动渔业船舶。按生产性质分为生产渔船和辅助渔船。

国内海洋捕捞渔业船舶转为远洋渔业船舶的当年,应纳入远洋渔业船舶统计范围内,在国内渔船统计范围中不再进行统计。

第 20 条　机动渔业船舶

机动渔业船舶指依靠本船主机动力来推进的渔业船舶，分为渔业生产船和渔业辅助船。

渔业生产船是直接从事渔业捕捞和养殖活动的船舶统称。从事捕捞业活动的渔船为捕捞船，从事养殖业活动的渔船为养殖船。捕捞船，按主机总功率分为：441千瓦（含）以上、44.1（含）～441 千瓦、44.1 千瓦以下三类；按船长分为：24 米（含）以上、12（含）～24 米、12 米以下；按作业方式分为拖网、围网、刺网、张网、钓具、其他共 6 类，有关解释请参照第 6 条的相关内容。

渔业辅助船指从事各种加工、贮藏、运输、补给、渔业执法等渔业辅助活动的渔业船舶统称，包括水产运销船、冷藏加工船、油船、供应船、科研调查船、教学实习船、渔港工程船、拖轮、驳船和渔业行政执法船等。其中捕捞辅助船指水产运销船、冷藏加工船、油船、供应船等为渔业捕捞生产提供服务的渔业船舶。钓具、围网等作业渔船中的子船纳入捕捞辅助船统计范围。

机动渔船年末拥有量应按数量、吨位、功率分别统计，各计量单位规定如下：

（1）数量的单位为"艘"，"艘"应按船舶单元计算，子母式作业船应分别统计。

（2）吨位的单位为"总吨"，"总吨"应为丈量确定的船舶总容积，每 2.83 米³为 1 总吨。

（3）功率的单位为"千瓦"，"千瓦"应按主机总功率计算。1 马力等于 0.735千瓦。

第 21 条　非机动渔船

非机动渔船指无配置机器作为动力的渔船，依靠人力、风力、水力或其他船只带动的渔业船舶，包括风帆船、手摇船等。

第五章　渔业灾情

第 22 条　渔业灾情

渔业灾情指由于遭受自然灾害而造成水产品产量减少、苗种损失、设施损坏、水域污染以及人员伤亡等。

水产品损失指由于自然灾害造成的水产品损失数量和金额。

受灾养殖面积指由于自然灾害造成水产品产量损失在 10％以上的养殖面积。

渔业设施损毁指由于台风（洪涝）造成池塘、网箱（鱼排）、围栏、渔船损坏或沉没、堤坝、泵站、涵闸、码头、护岸、防波堤、工厂化养殖场及苗种繁育场等被毁，从而造成的渔业设施毁坏的数量和金额。

人员损失指由于自然灾害而造成人员失踪、死亡和重伤的人数。

第六章　渔业人口与渔业从业人员

第 23 条　渔业乡和渔业村

在农村中，从事渔业生产与经营的人员占全部从业人员 50％以上或渔业产值占农业产值的比重 50％以上的乡、村，即为渔业乡和渔业村；达不到上述标准的，但一直是以经营渔业为主，并经上级主管部门批准定为渔业乡、村的，亦可统计为渔业乡和渔业村。

第 24 条　渔业户（家庭）

渔业户指农（渔）村和城镇住户中主要从事渔业生产与经营的家庭。凡家庭主要劳动力或多数劳动力从事渔业生产与经营的时间占全年劳动时间 50％（6 个月）以上或渔业纯收入占家庭纯收入总额 50％以上者均可统计为渔业户。

第 25 条　渔业人口

渔业人口指依靠渔业生产和相关活动维持生活的全部人口，包括实际从事渔业生产和相关活动的人口及其赡（抚）养的人口，具体如下：

（1）直接从事渔业生产和相关活动的在业人口。

（2）兼营渔业和其他非渔业劳动者中，凡从事渔业生产和相关活动的时间全年累计达到或超过 3 个月者，或者虽全年累计不足 3 个月，但渔业纯收入占纯收入总额比重超过 50％者。

（3）由从事渔业生产和相关活动的人口赡（抚）养的人口。

（4）在既有渔业劳动者又有非渔业劳动者的家庭中，根据渔业与非渔业纯收入比例分摊的被渔业劳动者赡（抚）养的人口。

渔业人口中的传统渔民：指凡渔业乡、渔业村的渔业人口均可称为传统渔民。

第 26 条　渔业从业人员

渔业从业人员：全社会中 16 岁以上，有劳动能力，从事一定渔业劳动并取得劳动报酬或经营收入的人员。

渔业专业从业人员：全年从事渔业活动 6 个月以上或 50％以上的生活来源依赖渔业活动的渔业从业人员。

渔业兼业从业人员：全年从事渔业活动 3～6 个月或 20％～50％的生活来源依赖渔业活动的渔业从业人员。

渔业临时从业人员：全年从事渔业活动 3 个月以下或 20％以下的生活来源依赖渔业活动的渔业从业人员。

第七章　远洋渔业

第 27 条　远洋渔业产量和远洋渔船

远洋渔业产量：由各远洋渔业企业和各生产单位按我国远洋渔业项目管理办法组织的远洋渔船（队）在非我国管辖水域（外国专属经济区水域或公海）捕捞的水产品产量。中外合资、合作渔船捕捞的水产品只统计按协议应属于中方所有的部分。

远洋渔船：按上述办法、协议，在上述水域进行常年或季节性生产的渔船。

第八章　水产苗种

第 28 条　苗种

鱼苗：卵黄囊基本消失，鱼鳔充气，能平游主动摄食的仔鱼，包括人工孵化和江河湖海港湾采捕的天然鱼苗。

鱼种：鱼苗经培育后，发育至全体鳞片，鳍条长全，外观具有成鱼基本特征的幼鱼，一般全长在 1.7～23.3 厘米，因出塘季节和培育期的不同，又俗称为夏花、冬片、春片、秋片、仔口和老口。

扣蟹：蟹苗经数次蜕皮变成外形接近蟹形的仔蟹，再经过 4～5 个月饲养培育成每千克 100～200 只性腺未成熟的幼蟹。

第 29 条　苗种数量统计原则

由苗种孵化或育成的单位归属统计，从他处购进或以其他方式取得苗种，不再进行统计。

第九章　水产加工业

第 30 条　水产加工企业

水产加工企业：从事水产品保鲜（保活）、保藏和加工利用的企业。

规模以上企业：年主营业务收入500万元以上的水产加工企业。

水产品加工能力：年加工处理水产品的总量。

第31条　水产冷库

水产冷库指主要用于水产品冻结、冷藏和制冰的场所，一般以低温冷藏库数作为冷库座数。

冷库的冻结能力、冷藏能力、制冰能力均指冷库建造设计的及后来改扩建新增的生产能力之和。

第32条　水产加工品

水产加工品指以水产品为原料，采用各种食品贮藏加工、水产综合利用技术和工艺所生产的产品，如冷冻冷藏品、腌制品、干制品、熏制品、罐头食品、各种生熟小包装食品，以及鱼油、鱼肝油、多烯脂肪酸制剂、饲料鱼粉、藻胶、碘、贝壳工艺品等。

一、水产冷冻品

水产冷冻品指为了保鲜，将水产品进行冷冻加工处理后得到的产品，包括冷冻品和冷冻加工品，但不包括商业冷藏品。

冷冻品泛指未改变其原始性状的粗加工产品，如冷冻全鱼、全虾等。

冷冻加工品指采用各种生产技术和工艺，改变其原始性状、改善其风味后制成的产品，如冻鱼片、冻虾仁、冷冻烤鳗、冻鱼籽等。

二、鱼糜制品和干腌制品

鱼糜制品指将鱼（虾、蟹、贝等）肉（或冷冻鱼糜）绞碎经配料、擂溃成为稠而富有黏性的鱼肉浆（生鱼糜），再做成一定形状后进行水煮（油炸或焙烤烘干）等加热或干燥处理而制成的食品，如鱼糜、鱼香肠、鱼丸、鱼糕、鱼饼、鱼面、模拟蟹肉等。

干腌制品指以水产品为原料，经脱水（烘干、烟熏、焙烤等）或添加腌制剂（盐、糖、酒、糟）制成具有保藏性和良好风味的产品，如烤鱼片、鱿鱼丝、鱼松、虾皮、虾米、海珍干品，以及海蜇、腌鱼、烟熏鱼、糟鱼、醉虾蟹、醉泥螺、卤甲鱼、水生动植物调味品（虾蟹酱、蚝油、鱼酱油）等。

藻类加工品指以海藻为原料，经加工处理制成具有保藏性和良好风味的方便食品，如海带结、干紫菜、调味裙带菜等。

三、水产罐制品

水产罐制品指以水产品为原料按照罐头工艺加工制成的产品，包括硬包装和软包装罐头，如鱼类罐头、虾贝类罐头等。

四、鱼粉

鱼粉指用低值水产品及水产品加工废弃物（如鱼骨、内脏、虾壳等）等为主要原料生产而成的加工品。

五、鱼油制品

鱼油制品指从鱼肉或鱼肝中提取油脂，并制成的产品，如粗鱼油、精鱼油、鱼肝油、深海鱼油等。

六、其他水产加工品

其他水产加工品指除上述加工产品之外的加工品统称，如助剂和添加剂（蛋白胨、褐藻胶、碘、甘露醇、卡拉胶、琼胶等）、珍珠加工品、贝壳工艺品、鱼酒、鱼奶等。

第十章　渔民家庭当年收支情况调查

第 33 条　家庭常住人口数

家庭常住人口数指全年经常在家或在家居住 6 个月以上，而且经济和生活与本户连成一体的人口数。外出从业人员在外居住时间虽然在 6 个月以上，但收入主要带回家中，经济与本户连为一体，仍视为家庭常住人口；在家居住，生活和本户连成一体的国家职工、退休人员也为家庭常住人口。但是现役军人、中专及以上（走读生除外）的在校学生，以及常年在外（不包括探亲、看病等）且已有稳定的职业与居住场所的外出从业人员，不应当作家庭常住人口。

第 34 条　家庭渔业从业人员人数

家庭渔业从业人员人数指家庭常住人口中从事渔业生产、销售、运输等活动累计 6 个月以上的人数。

第 35 条　全年总收入

全年总收入指调查期内被调查对象从各种来源渠道得到的收入总和。按收入的性质划分为家庭经营收入、工资性收入、财产净收入、转移性收入和政府生产补贴（惠农收入）。

第 36 条　家庭经营收入

家庭经营收入指以家庭为单位进行生产经营和管理而获得的收入，包括渔业（水产品及鱼苗）收入、其他家庭经营收入。

渔业收入：水产品及鱼苗用于市场交易的现金收入或自产自食的实物收入。市场交易的现金收入等于交易的水产品及鱼苗或与水产品有关的劳务活动量乘以市场价格，只要交易发生，包括现款和应收款都要计算为收入；自产自食的实物收入，按自食水产品数量乘以相应水产品成本价格计算。如某个水产品的市场平均价格为10元/千克，用于计算该水产品市场交易的现金收入；成本价格为6元/千克，用于计算自产自食的该水产品实物收入。

经营其他行业收入：渔民家庭自主经营的除渔业外的其他行业，如种植业、畜牧业、林业等第一产业，或从事第二、第三产业所取得的经营收入。第一产业的收入包括现金和实物两个部分，计算方法与渔业收入类似；第二、第三产业只计算现金部分。

第 37 条　工资性收入

工资性收入指渔民家庭中从业人员通过各种途径得到的全部劳动报酬和各种福利，包括在渔业生产劳动中获得的工资和在其他行业劳动中获得的工资。

工资的形式包含计时计件劳动报酬、奖金、津贴，以及单位代个人缴纳的养老保险、医疗保险、失业保险、房租费、水电费、托儿费、医疗费等，单位定期或不定期发放过节费、调动工作的安家费、相当于现金的通用购物卡、免费或低价提供的实物产品和服务折价、工作餐补贴折价，零星或兼职劳动中得到现金、实物补贴折价等，还包括股份制企业派发或奖励给员工的股票和期权。

工资按照收付实现制计算，只要是在调查期内实际得到的工资，无论该工资是补发还是预发，都应归为本期得到的工资收入。本调查期内应得但因拖欠等原因未得到的工资不应计入。

工资不包括因员工或员工家属大病、意外伤害、意外死亡等原因支付给员工或其遗属的抚恤金和困难补助金，应该将其列入转移性收入中的社会救济和补助收入。

第 38 条　财产净收入

财产净收入指渔民家庭住户或成员将其所拥有的金融资产和自然资源交由其他机构单位、住户或个人支配而获得的回报并扣除相关的费用之后得到的净收入。财产净收入包括利息净收入、红利收入、储蓄性保险净收益和转让承包土地或水面经营权租金净收入等。

利息净收入指利息收入扣除该住户或个人付给债权方的生活性借贷款利息支出后得到的净值。利息收入指按照双方事先约定的金融契约条件，借出金融资产（存款、债券、贷款和其他应收账款）的住户或个人从债务方得到的本金之外的附加额。

利息收入是应得收入，包括各类定期和活期存款利息、债券利息、个人借款利息等，银行代扣的利息所得税也包括在内。

红利收入指住户或个人作为股东将其资金交由公司支配或处置而有权获得的收益。包括股票发行公司按入股数量定期分配的股息、年终分红以及从集体财产入股或其他投资分配得到的股息和红利。股票买卖结算后获得的收益（含亏损）不包含在内。

储蓄性保险净收益指住户或个人参加储蓄性保险，扣除缴纳的保险本金及相关费用后，所获得的保险净收益，不包括保险责任人对保险人给予的保险理赔收入。

转让承包土地或水面经营权租金净收入指住户将拥有经营权或使用权的土地转让给其他机构单位或个人获得的补偿性收入扣除相关成本支出后得到的净收入，也包括从其他机构单位或个人获得的实物形式的收入。

其他财产净收入指住户所得的除上述以外的其他财产净收入扣除相关的维护成本之后得到的净收入。如通过在国外购买的土地、矿产等自然资源获得的财产净收入等。

财产净收入不包括将非金融资产（如住房、生产经营用房、机械设备、专利、专有技术、商标商誉等）交由其他机构单位、住户或个人支配而获得的回报，应该计入"经营净收入"。财产净收入也不包括转让资产所有权的溢价所得，这些是"非收入所得"，不包含在本调查中。

第 39 条　转移性收入

转移性收入指国家、单位、社会团体对住户的各种经常性转移支付和住户之间的经常性收入转移。它包括政府、非行政事业单位、社会团体对居民转移的养老金或退休金、社会救济和补助、惠农补贴、政策性生活补贴、救灾款、经常性捐赠和赔偿以及报销医疗费等；住户之间的赡养收入、经常性捐赠和赔偿，以及农村地区（村委会）在外（含国外）工作的本住户非常住成员寄回带回的收入等。

转移性收入不包括住户之间的实物馈赠。

养老金或离退休金指根据国家有关文件规定或合同约定，在劳动者年老或丧失劳动能力后，根据他们对社会、单位所作的贡献和所具备的享受养老保险资格或退休条件，按月以货币形式或实物产品及服务给予的待遇，主要用于保障因年老或疾病丧失劳动能力的劳动者的基本生活需要。包括离退休人员的养老金或离退休金、生活补贴，农民享有的新型农村养老保险金，城镇居民享有的社会养老保险金，国家或地方政府给予城镇无保障老人的养老金，因工致伤离退休人员的护理费，退休人员异地安家补助费、取暖补贴、医疗费、旅游补贴、书报费、困难补助以及在原工作单位所得的各种其他收入，相当于现金的购物卡券也包含在内。也包括发给的实物和购买指定物品的票证、购物卡券，应同时计入相应的实物产品和服务项目中。

社会救济和补助指国家、机关企事业单位、社会团体和个人对各类特殊家庭、人员提供的特别津贴。包括国家对享受城镇居民最低生活保障待遇的家庭发放的最低生活保障金、对农村五保户发放的五保救助金、国家和社会及机构单位对特殊困难家庭给予的困难补助、扶贫款、救灾款、国家或机构单位向由于失去工作能力或意外死亡等原因而失去工作的职工或其遗属定期发放的抚恤金等。也包括发给的实物和购买指定物品的票证、购物卡券，应同时计入相应的实物产品和服务项目中。

惠农补贴指政府为扶持农业、林业、牧业、渔业和农林牧渔服务业，以现金或实物形式发放的各种生产补贴。现金形式发放的补贴包括粮食直补、购置和更新大型农机具补贴、良种补贴、购买生产资料综合补贴、退耕还林还草补贴、畜牧业补贴等生产性补贴。实物形式发放的补贴指政府低价或免费提供的相关产品和服务，如免费或低价提供的种子、农机具服务等。包括经营渔业的生产性补贴和经营其他产业的生产性补贴。在鱼塘改造中，如果是以渔民家庭为主进行投入建设，得到了政府补贴，计入渔民得到的惠农补贴；如果是政府直接奖励或投入改造建设，则按相关市场价格计入生产性固定资产。

政策性生活补贴指根据国家的有关规定，中央财政、各级地方财政给予家庭的相关政策性生活补贴。包括家电下乡和以旧换新等家电补贴、能源补贴、给农村寄宿制中小学生的生活补贴等；也包括其他低价或免费提供的实物产品和服务，如廉租房等。

报销医疗费指参加新型农村合作医疗、城镇职工基本医疗保险、（城镇）居民基本医疗保险、城乡居民大病保险的居民在购买药品、进行门诊治疗或住院治疗之后，从社保基金或单位报销的医疗费。报销医疗费属于一种实物收入。报销医疗费包括使用社保卡进行医疗服务付费时直接扣减的、由社保基金支付的部分。从商业医疗保险获得报销的医疗费不包括在内。

外出从业人员寄回带回收入指在外（含国外）工作的本住户非常住成员寄回、带回的收入。无论是以现金、汇款、转账、银行卡共享等任何形式寄回、带回的收入，都应计入。

赡养收入指亲友因赡养和抚养义务经常性给予住户及其成员的现金和实物收入。

其他经常转移收入指住户从除上述各项转移性收入以外得到的其他经常性转移

收入。如经常性捐赠收入、经常性赔偿收入、失业保险金、亲友搭伙费等。

经常性捐赠收入指住户从他人、组织、社会团体处得到的经常性捐献或赠送收入。这种捐赠收入带有义务性和经常性，不包括遗产及一次性馈赠收入、婚丧嫁娶礼金所得、压岁钱等。捐赠收入与赡养收入的区别：赠送是对本住户的成员无赡养义务的其他住户或个人给本住户及其成员的现金。本住户成员内部间的捐赠收入和捐赠支出均不必记账。

经常性赔偿收入指住户及其成员因受到财产损失、人身伤害、精神损失得到的国家、单位、个人定期支付的经常性赔偿，不包括一次性赔偿所得。

第 40 条　全年总支出

全年总支出指渔民家庭全年用于生产、生活和再分配的全部支出。包括：家庭经营费用支出、生产性固定资产折旧、税费支出、生活消费支出、转移性支出。

第 41 条　家庭经营费用支出

家庭经营费用支出指以家庭为单位从事生产经营活动而消费的商品和服务、自产自用产品。包括经营渔业费用支出和经营其他行业费用支出。

经营渔业费用支出包括燃料、水电及加冰费用、雇工费用、饲料费用、购买种苗费用，以及加工费用、修理费、承包或租用费等其他生产支出。其中燃料、水电费指用于生产的，不包括用于生活的支出；修理或改造费用等，指额度在1 000元以下的日常渔需物质支出，在此价值量之上的如渔具的大修理、鱼塘清淤、改造等较大规模投入，则按量按价计入固定资产。

经营其他行业费用支出指从事除渔业经营外的其他行业，如种植业、畜牧业、林业等第一产业，或从事第二、第三产业经营的支出。其计算方法参考经营渔业支出。

第 42 条　生产性固定资产原价及折旧

生产性固定资产指使用年限在 2 年及以上、单位价值在1 000元以上的房屋建筑物、机器设备、器具工具、役畜、产品畜等资产，其中渔业生产性固定资产包括生产用车船、精养鱼池、大型网具、防逃设施、涵闸、泵站等。

生产性固定资产原价指固定资产当初的购进价、新建价或开始转为固定资产的价值。自繁自养的幼畜成龄转作役畜、产品畜、种畜，按市场同类牲畜的平均价格计价。国家奖励和外单位赠送的固定资产按购置同类固定资产的价格参照其新旧程度酌情计价。

渔民家庭的生产性固定资产折旧按农业生产性固定资产折旧方法处理，即15 年的使用期限。

第 43 条 税费支出

税费支出指渔民家庭以现金和实物形式缴纳的从事生产经营活动的各种税赋支出，以及承包费、一事一议款、以资代劳款、乡村提留、集资摊派等费用，包括经营渔业税费支出和经营其他产业税费支出。对于无法区分家庭产业经营活动的税费支出，按一定比例分摊。

第 44 条 转移性支出

转移性支出指渔民家庭或成员对国家、单位、住户或个人的经常性或义务性转移支付，包括缴纳的税款、各项社会保障支出、赡养支出、经常性捐赠和赔偿支出以及其他经常转移性支出等。

个人所得税指家庭或成员被扣缴的工资薪金所得、对企事业单位的承包经营承租经营所得、个体工商户的生产经营所得、劳务报酬所得、稿酬所得、特许权使用费所得、利息股息红利所得、财产租赁所得、财产转让所得、偶然所得、经国务院财政部门确定征税的其他所得等个人所得的税款。生产税、消费税不在其内。

社会保障支出指家庭成员参加国家法律、法规规定的社会保障项目中由单位和个人共同缴纳的保障支出。包括养老保险、医疗保险、失业保险、工伤保险、生育保险以及其他社会保障支出。

赡养支出指家庭成员因赡养和抚养义务而付给亲友的经常性现金和定期的实物支出。现金赡养支出应按实际发生的金额计算，不论是从报告期收入中开支的，还是从银行存款、手存现金以及其他所得中开支的，均应包含在内。

其他经常转移支出指家庭或成员除缴纳的税款、社会保障支出、赡养支出以外的其他经常性转移支出，如经常性捐赠支出、经常性赔偿支出、各种罚款（如交通罚款）；政府部门向居民提供服务收取的服务费，如迁户口的办理费、办理身份证费，缴纳工会费、党费、团费以及学会团体组织费等。

经常性捐赠支出指家庭或成员赠予他人的经常性和带有义务性的现金支出，包括向寺庙的经常性捐款、定期资助贫困学生或贫困地区的款项、个人对公共设施建设的各类捐款，如解困基金、水利基金、防洪基金等，但不包括以商品或服务方式给予他人的价值额。婚丧嫁娶礼金支出及一次性馈赠支出如压岁钱、探望病人给予的礼金等不含在内。经常性捐赠支出应按实际发生的金额计算，不论是从报告期收入中开支的，还是从银行存款、手存现金以及其他所得中开支的，均应包括在内。

经常性赔偿支出指家庭或成员向因受到财产损失、人身伤害、精神损失的国家、单位、个人定期支付的赔偿支出，不包括一次性赔偿支出。

第 45 条　生活消费支出

生活消费支出指渔民家庭用于满足家庭日常生活消费需要的全部支出，包括伙食支出、烟酒支出、衣着支出、居住支出、生活用品支出、交通通信支出、教育文化娱乐支出、医疗保健支出、其他用品及服务支出。

伙食支出指渔民家庭住户购买粮、油、菜、肉、禽、蛋、奶、水产品、糖、饮料、干鲜瓜果等食品的支出，也包括在外饮食、餐馆外卖食品和其他饮食服务的支出，但不包括用于宠物食品的支出。

烟酒支出指渔民家庭住户用于烟草和酒类的支出。烟草包括卷烟、烟丝、烟叶。涵盖住户购买的所有烟草，包括在餐馆、酒吧等购买的烟草。不包括烟具。酒指用高粱、大麦、米、葡萄或其他水果发酵制成的含酒精饮料。主要有白酒、黄酒、葡萄酒、啤酒，包括低度酒精饮料或不含酒精的啤酒等。此处指买来在家喝的酒类，不包括在餐馆、旅馆、酒吧等消费的酒（在外饮食）。

衣着支出指渔民家庭住户用于穿着的支出，包括购买服装、服装材料、鞋类、其他衣类及配件，以及衣着相关加工服务的支出。

居住支出指渔民家庭住户用于居住的支出，包括房租、水、电、燃料、住房装潢、物业管理等方面的支出。

生活用品支出指渔民家庭住户购买家具和家用电器、日用杂品的支出。

家具和家用电器包括家具、家具材料、室内装饰品、家庭使用的各类大型器具和电器，小家电等，如冰箱、冷饮机、空调、洗衣机、吸尘器、干衣机、微波炉、洗碗机、消毒碗柜、炊具、炉灶、热水器、取暖器、保险柜、缝纫机、榨汁机、烤面包炉、酸奶机、熨斗、电水壶、电扇、电热毯等。

日用杂品包括床上用品、窗帘门帘和其他家用纺织品，以及洗涤及卫生用品、厨具、餐具、茶具、家用手工工具、其他日用品、护肤品、美容美发用品等。

交通通信支出指渔民家庭户在交通工具、交通费、通信器材、通信服务方面的支出。

交通工具包括家用汽车、摩托车、自行车及其他家庭交通工具。不包括经营用交通工具。

交通费包括乘坐各种交通工具（如飞机、火车、汽车、轮船等）所支付的交通费以及用于车辆使用的燃料费、停车费、维修费、车辆保险等。不包括因公出差暂由个人垫付的交通费。

通信工具包括固定电话机、移动电话机、寻呼机、传真机等。

通信服务费包括电话费、电话初装费、入网费、电信费、邮费等。

教育文化娱乐支出指渔民家庭户用于住户成员的教育活动、文化娱乐活动的支出。

教育包括职业技术培训费、学杂费、赞助费、一揽子教育服务费、教育用品支出等。文化娱乐包括用于文娱耐用消费品、其他文娱用品和文化娱乐服务。

文娱耐用消费品包括各种音像、摄影和信息处理设备，如彩色电视机、照相机、摄像机、组合音响、家用计算机，也包括中高档乐器、健身器材等，还包括文娱耐用消费品的零配件和维修。

其他文娱用品包括除教材及参考书以外的各种书报杂志及音像制品、文具纸张、体育户外用品、玩具、用于花鸟虫鱼等业余爱好的相关用品、宠物及宠物用品等其他文娱用品，也包括以上文娱用品的维修支出。

文化娱乐服务指和文化娱乐活动有关的各种服务费用。包括团体旅游、景点门票、体育健身活动、电影、话剧、演出票、有线电视费以及其他文化娱乐服务支出。

医疗保健支出指渔民家庭户购买医疗器具和药品，支付门诊和住院费方面的支出。

医疗器具和药品包括药品、滋补保健品、医疗卫生器具及用品和保健器具。

门诊和住院费指门诊和住院的医疗总费用，包括从各种医疗保险或其他医疗救助计划中获得的医药费和医疗费的报销款额；挂号费、诊疗费、注射费、手术费、透视费、镶牙费、出诊费、送药费、陪侍费、住院费、救护车费等；提供给门诊病人的药物、医疗器械和设备及其他保健产品。报销医疗费应按收付实现制记录，即仅当医疗费报销到手时才计入。

其他用品及服务指渔民家庭户在其他用品及服务方面的支出。

其他个人用品包括首饰、手表和其他杂项用品。

其他服务包括旅馆住宿费、美容美发洗浴、其他杂项服务。无法归入七大类服务支出的其他各项服务支出，如迷信、丧葬费、诉讼费、公证费、房地产中介服务费等也包含在内。

第 46 条　全年纯收入和渔业纯收入

全年纯收入指渔民家庭当年从各种来源得到的总收入相应地扣除所发生的费用后的收入总和。全年纯收入主要用于再生产投入和当年生活消费支出，也可用于储蓄和各种非义务性支出。渔民人均纯收入是按人口平均的纯收入水平，反映的是一个地区或一个渔民家庭的居民平均收入水平。计算方法：

全年纯收入＝全年总收入－家庭经营费用支出－生产性固定资产折旧－税费支出

渔业纯收入＝出售水产品收入＋从事渔业所获得的工资性收入－经营渔业支出－渔业固定资产折旧－渔业税费支出

第47条 可支配收入

可支配收入指渔民家庭户可用于最终消费支出和储蓄的总和，即可以用来自由支配的收入。可支配收入既包括现金，又包括实物收入。本调查按照收入的来源，可支配收入包含四项，分别为：工资性收入、经营净收入、财产净收入、转移净收入。计算公式为：

可支配收入＝工资性收入＋经营净收入＋财产净收入＋转移净收入

其中：

经营净收入＝经营收入－经营费用－生产性固定资产折旧－税费支出

转移净收入＝转移性收入－转移性支出

第48条 渔民家庭收支调查台账首页及问卷

渔民家庭收支调查台账首页是用于采集渔民家庭收支情况基础数据的方法。在调查户中建立台账首页，按一定时间将发生收支情况通过问卷访问进行记录，由县级渔业统计人员按时间要求，直接通过村干部或村农业技术员收集或调查。本台账首页及问卷为参考表样，各地可根据实际情况自行设计，方便渔民理解。在台账首页中需要一次性填写的内容包括样本户地址及代码、居住房屋面积和估价、拥有大型网具价值、养殖面积、机动渔船数量、功率和吨位等。

样本户地址及代码指渔民家庭收支调查样本户的居住地址，按省、地、县、乡、村的行政地址填写，代码是国家统计局公布的标准代码（12位）。村内的样本户按自然顺序编码。样本户所在的行政区划名称发生改变，但尚未获得国家标准名称和代码的，原地址和代码不变，可在备注中说明。

居住房屋面积指住宅用于生活居住的建筑面积，应扣除住宅中非生活居住（出租、生产或商用）的建筑面积。

建筑面积以房屋产权证或租赁证为准，也可按使用面积乘以1.333计算得出。如果没有相应证明，则由调查员根据本住宅或类似住宅判断填写。建筑面积应填写整数，不为整数时应四舍五入。

居住房屋的估价指居住房屋建筑本身的市场估值，仅包含建筑物本身的价值，不包含宅基地的价值。市场估值主要由调查员辅助住户进行填报。按农村地区的住宅市场估值方法进行估价，调查员预先了解本地区目前平均的房屋建造成本，并将这些信息提供给调查户。针对某个具体住宅，首先估计目前如果要建造同类住房所需要的成本，然后按照 30 年折旧的期限，根据住宅的建筑年份对剩余的价值进行折算。